无人机

短视频拍摄与后期教程

毛亚东　鱼头YUTOU◎编著

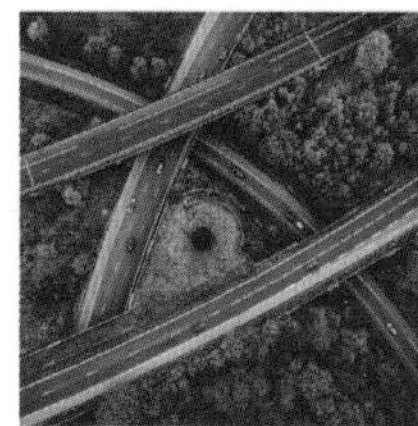

化学工业出版社
·北京·

内 容 简 介

本书由毛亚东、鱼头 YUTOU 两位老师共同编著，是一本 200 万粉丝学员都喜欢的航拍摄影教程。毛亚东是现居澳大利亚悉尼的华人摄影师，不仅熟悉星空拍摄，还擅长无人机航拍；鱼头 YUTOU 不仅是视觉中国、美国 Getty image、图虫网等多个平台的签约摄影师，还担任过由杨紫主演的电视剧《香蜜沉沉烬如霜》的剧照摄影师。

本书分为 5 大篇，主要内容安排如下：

第一篇：入门篇——选购无人机、使用 DJI GO 4 App、学会取景构图，一步到位！

第二篇：提高篇——首次起飞、降落、飞行动作、空中高难度镜头等，新手必学！

第三篇：进阶篇——一键短片、智能跟随、航点飞行以及延时摄影等，提升技术！

第四篇：高手篇——全景、夜景、影视、商业短视频，让你想怎么拍，就怎么拍！

第五篇：后期篇——使用 DJI GO 4 和剪映 APP 剪辑视频，掌握短视频后期技术！

本书作品丰富，实战性强，适合对无人机短视频拍摄感兴趣的摄影爱好者：一是直接有拍短视频需求的无人机用户；二是由无人机摄影过渡到摄像的用户；三是因为工作需要，想深入学习短视频航拍的记者、摄影师等人；四是可作为无人机航空摄影摄像类课程的教材，或学习辅导用书。

图书在版编目（CIP）数据

无人机短视频拍摄与后期教程 / 毛亚东，鱼头YUTOU编著．—北京：化学工业出版社，2022.7（2023.11重印）
ISBN 978-7-122-41129-7

Ⅰ．①无… Ⅱ．①毛… ②鱼… Ⅲ．①无人驾驶飞机－航空摄影－教材②视频编辑软件－教材 Ⅳ．①TB869 ②TN94

中国版本图书馆CIP数据核字(2022)第055516号

责任编辑：王婷婷　李　辰　　封面设计：王晓宇
责任校对：赵懿桐　　装帧设计：盟诺文化

出版发行：化学工业出版社（北京市东城区青年湖南街 13 号　邮政编码 100011）
印　　装：天津图文方嘉印刷有限公司
710mm×1000mm　1/16　印张15¾　字数372千字　2023年11月北京第1版第2次印刷

购书咨询：010-64518888　　售后服务：010-64518899
网　　址：http://www.cip.com.cn
凡购买本书，如有缺损质量问题，本社销售中心负责调换。

定　　价：98.00 元

推荐语

王源宗 | 8KRAW 联合创始人，著名星空摄影师、航拍师、延时摄影师

我每次去户外旅行时，都会用无人机记录我出行的过程，用天空的视角来俯视这个世界，你会看到不一样的美景。很多人买了无人机设备却不敢飞，很多人起飞了无人机却拍不出优秀的作品。如果你在飞行无人机时，也遇到了这些难题，建议你阅读这本书，这里有你想要知道的飞行技巧。

墨 卿 | 8KRAW PREMIER 签约摄影师，畅销书《星空摄影与后期从入门到精通》联合作者

众所周知，航拍越来越进入大众的视野，也越来越平民化。但很多人不知道的是，到手即飞并不等同于能拍出航拍大片的既视感，这期间究竟有多少技巧很多人都不清楚。很高兴看到毛亚东老师和鱼头老师这次为大家推出了这样一本书，让大家以最快的速度从小白进阶到高手，这样一本航拍从入门到精通的书，是您日常航拍的最佳手册。

TYUT 小崔 | 商业延时摄影师，8KRAW 签约摄影师，《延时摄影与短视频制作从入门到精通》作者

航拍一直是我们所追求的新视角，而如何让你的航拍镜头安全、完整、大气、漂亮并且与众不同呢？看完这本书之后，你不但可以全面了解手中的无人机，还能精通无人机的各种飞行手法，以及如何应用手中的无人机拍出想要的画面。

马玉晗 | 环球旅行风光摄影师，富士中国签约摄影师，2020 年 IPA 国际摄影大赛全球单项冠军

航拍摄影是现代风光摄影题材中不可或缺的一部分，它拥有上帝的视角去拍摄出极具视觉冲击力的照片，给人们带来了全新的视觉享受。而好友毛亚东和鱼头的这本航拍从入门到精通的书籍可以帮助初学者快速提高航拍水平，是一本非常实用的无人机教程，值得一看。

阿　琛 | 8KRAW PREMIER 签约摄影师，大疆天空之城签约摄影师，Haida 滤镜官方合作摄影师

在风光摄影的道路上，我一直追求独特创新的拍摄角度，航拍技术的发展为我们解锁了全新的视野和创作方式。这本书由浅入深地讲解了航拍摄影所需要了解的方方面面，帮助喜欢航拍的你逐步提升拍摄技能。相信无论是新手还是已有摄影基础的爱好者，阅读完这本书以后一定都能有所收获。

静　言 | 视觉中国签约摄影师，大疆天空之城签约摄影师，500px 特约点评人，中国著作权协会会员

航拍是一种新的影像表达方式，但是航拍入门相对而言并不简单。这本书从入门到提升再到后期等，全方位带给读者系统与专业的教学。相信通过学习此书，人人都可以成为一名专业的飞手。

影　叶 | 视觉中国 2019 年度最火人像图片作者，电视台曾 3 次对其个人摄影创作进行专访

在欣赏鱼头的作品时，我总能被他特有的风格所吸引，画面前卫却不失章法，配色大胆而耐看。具有独特的视角和思维方式是很大的优势，将摄影从一种记录的形式发展为自我表达的方式，通过镜头来展现视觉艺术。航拍摄影作为近年来的新兴题材，是非常值得探索的，期待鱼头带领我们去欣赏独特的风光视角。

梦　境 | 8KRAW 签约摄影师，联合国开发计划署（UNDP）合作摄影师

作为航拍爱好者，我喜欢用上帝视角追求不同的角度，创新不仅是这个时代的需求，也是作为一名摄影师的必备技能。通过无人机的上帝视角，往往能帮助我们拍到许多与众不同的作品。随着无人机技术越来越先进，航拍爱好者也越来越多。这是一本非常详细的航拍飞手教程，能够帮助大家快速入门无人机领域，拍出自己满意的摄影作品，我推荐此书。

像鸟儿和风筝一样翱翔天际

在我幼时的记忆中，最美好的时刻莫过于和父亲在初春的河畔上放风筝了，柔润的风从耳畔吹过，风筝在蓝天白云之中穿行，那个时候我就想，如果能从百米高空俯瞰世界该有多好啊！

每个人的童年都会有对蓝天白云的向往，希望能像鸟儿和风筝一样翱翔天际，铸成了童年最美好的梦。

上小学时，随家人外出旅行，第一次坐飞机，旅程有多长已全然没有印象，唯独记得一直趴在客舱的舷窗上俯瞰天空时的欣喜，那是第一次亲眼被高空下的世界之景所震撼：高大的建筑和矗立的山峰瞬间变得渺小，云层之上的视线越过形态各异的云朵，延伸过蔚蓝的天空，眺望有弧度的地平线。

那一刻，我理解了蒙特高菲尔兄弟第一次登上热气球的豪迈，明白了莱特兄弟毕生所追求的飞行奇梦，也明白了人类对未知高度的探索。

上高中时，我参加了学校的航模社团，那是我真正迈出向天空进发的第一步。如今，无人机的普及给了大众更多的机会重新认识这个世界，产品的迅速迭代也赋予了航拍更多的意义与价值。

我从大疆Phantom 3、Mavic 1等产品的时代一路走过，到如今的Inspire 2、FPV穿越机等，航拍产品遍地开花，我亲身感受到了科技日新月异的进步，这些高科技产品带来了更好的体验、更安全的飞行，以及满足商业化需求的画质与画面。

只需掌握一定的无人机飞行技术，就可以像鸟儿和风筝一样翱翔天际，记录属于自己的飞行奇旅。在本书中，我将自己的一些飞行与拍摄经验技巧分门别类地整理出来，按照难度划分为不同的篇章，从【入门篇】到【提高篇】再到【进阶篇】，掌握飞行拍摄的基本技巧；在【高手篇】中将学习影视拍摄的独特操作；在【后期篇】中将制作并输出自己的航拍作品，让小白也能轻松进阶成为高手。

我经常在图虫、500px、米拍、微博等平台（作者：Adammao）更新我的作品，在众多题材作品中，航拍和星空作品最受欢迎，获得了千万级别的阅读量，百万级别的获赞量，越来越多的人开始喜欢上了航拍摄影。

我之前出版了一本星空摄影教程《星空摄影与后期从入门到精通》，深受读者喜爱。我不仅喜欢航拍，还喜欢那一片美丽的星空，大家如果想要学习星空摄影技巧，可以看看我出版的这本《星空摄影与后期从入门到精通》教程。最后，祝大家学习愉快，学有所成！

毛亚东
2022年3月

前言（二）

用上帝的视角，欣赏这个世界的美

每个人的天赋和际遇不同，当你选择开始做一件喜欢的事情的时候，并非都是坦途，有鼓励，也有打击，但既然喜欢，并且享受着，就一定要坚持下去。

——村上春树

上帝给予飞鸟翅膀，用全新的视角去领略这个世界不一样的美，这种独特的视野也让我们对于这个世界有了新的认知。古人云登高望远，而现在掌控无人机就能感受到在云端俯瞰大地的惬意。从现在开始，我们也将拥有一对能带我们去观看世界的翅膀，展翅翱翔去发现这个世界不一样的美。

无人机摄影已经开始慢慢地步入大家的视野，如何能够巧妙地运用无人机去捕获特殊的照片、拍出漂亮的短视频作品，是本书的精髓所在。和普通摄影一样，光线的运用一定是让摄影作品更加出彩的美好“调味剂”。

所以，在很多平日的摄影技巧中，也有适用于无人机摄影的方面。严谨的构图方法会让你事半功倍，详细的功能教学能够让你瞬间进阶，独特的飞行小技巧让平日拍摄也能有用武之地。

这是一本能让你从入门到精通的无人机教程，能快速、轻松地拍出一部属于自己的无人机摄影作品。本书从前期的注意事项及知识储备，到后期的拍摄手法与后期技巧，都是我和毛老师的经验之谈，希望能为喜欢摄影的你们带来一些帮助。

很荣幸能在时代的浪潮里成为自己想成为的人，用自己的光去带给更多人飞行的力量。在摄影领域中，让越来越多的人找到一块能表达自己情绪的温柔乡。

我之前出版了一本《城市建筑风光摄影与后期》，书中用坚持和热爱的故事表达了我对于城市风光拍摄过程中的一些经验与技巧，也希望这一次能从上帝的视角与大家再去分享这个世界不一样的美。

鱼头YUTOU

2022年3月

目　录

【入门篇】

第 1 章　航拍入门：快速进入无人机专业领域 ………………………………… 1

1.1　选择一款适合自己的无人机 …………………………………………… 2
1.1.1　购买前先看这里，别浪费钱 …………………………………… 2
1.1.2　了解大疆的热门机型与性能 …………………………………… 3
1.1.3　熟知无人机的规格参数与物品清单 …………………………… 3
1.2　认识无人机的机身及各配件 …………………………………………… 4
1.2.1　掌握遥控器的功能 ……………………………………………… 4
1.2.2　认识状态显示屏的信息 ………………………………………… 6
1.2.3　控制好操作杆安全飞行 ………………………………………… 7
1.2.4　控制好云台的拍摄方向 ………………………………………… 9
1.2.5　掌握螺旋桨的安装技巧 ………………………………………… 10
1.2.6　认识无人机的电池设备 ………………………………………… 11
1.3　提前知晓飞行的注意事项 ……………………………………………… 12
1.3.1　关于指南针异常的提示 ………………………………………… 12
1.3.2　飞行中遭遇大风如何处理 ……………………………………… 12
1.3.3　飞行中提示 GPS 信号丢失 ……………………………………… 14
1.3.4　飞行中提示图传信号丢失 ……………………………………… 14
1.3.5　飞行中提示遥控器信号中断 …………………………………… 15
1.3.6　无人机升空时的注意事项 ……………………………………… 15
1.3.7　无人机返航 / 降落时的注意事项 ……………………………… 15
1.3.8　返航时电量不足怎么办 ………………………………………… 16
1.3.9　无人机坠机了如何处理 ………………………………………… 16

第 2 章　使用工具：下载与操作 DJI GO 4 App ……………………………… 17

2.1　DJI GO 4 App 的基本操作 ……………………………………………… 18
2.1.1　下载并安装 DJI GO 4 App ……………………………………… 18
2.1.2　注册并登录 DJI GO 4 App ……………………………………… 18
2.1.3　用 App 连接无人机设备 ………………………………………… 20

2.2　掌握 DJI GO 4 App 飞行界面 ……21
2.3　掌握无人机的 4 种拍摄模式 ……23
2.3.1　模式 1：自动模式……23
2.3.2　模式 2：光圈优先模式……24
2.3.3　模式 3：快门优先模式……25
2.3.4　模式 4：手动模式……26
2.4　设置拍摄尺寸、格式和模式 ……26
2.4.1　设置照片的画幅比例 ……26
2.4.2　设置视频的拍摄尺寸 ……27
2.4.3　设置照片的存储格式 ……28
2.4.4　设置视频的存储格式 ……28
2.4.5　设置不同的拍摄模式 ……29

第 3 章　取景技巧：经典构图提升画面表现力 …… 32

3.1　摄影构图的基础与关键 ……33
3.1.1　什么是构图 ……33
3.1.2　构图的原则 ……33
3.1.3　构图的元素 ……35
3.2　选择合适的航拍角度 ……37
3.2.1　平视航拍手法 ……37
3.2.2　俯视航拍手法 ……38
3.3　掌握 9 种航拍构图取景方式 ……39
3.3.1　前景构图 ……39
3.3.2　居中构图 ……40
3.3.3　斜线构图 ……41
3.3.4　曲线构图 ……43
3.3.5　三分线构图 ……45
3.3.6　水平线构图 ……47
3.3.7　透视构图 ……48
3.3.8　横幅全景构图 ……49
3.3.9　竖幅全景构图 ……50

【提高篇】

第 4 章　首次飞行：安全地起飞、暂停与降落 …… 51

4.1　准备无人机，开始起飞 ……52

4.1.1 展开遥控器，安装摇杆 ······52
4.1.2 展开飞行器，安装螺旋桨 ······54
4.1.3 校准指南针是否正常 ······57
4.1.4 查看 SD 卡是否已放入无人机中 ······59
4.1.5 提前给设备充电，检查电量 ······60
4.2 起飞与降落的关键操作 ······60
4.2.1 手动起飞的方法 ······60
4.2.2 手动降落的方法 ······62
4.2.3 自动起飞的方法 ······62
4.2.4 自动降落的方法 ······64
4.2.5 一键返航的方法 ······65
4.2.6 紧急停机的方法 ······67
第 5 章 基础练习：14 组新手专练的飞行动作 ······68
5.1 8 组适合新手的飞行动作 ······69
5.1.1 拉升镜头，向上飞行 ······69
5.1.2 下降镜头，向下飞行 ······70
5.1.3 向前镜头，往前飞行 ······71
5.1.4 后退镜头，倒退飞行 ······72
5.1.5 左移镜头，向左飞行 ······73
5.1.6 右移镜头，向右飞行 ······74
5.1.7 俯仰镜头，向上运动 ······75
5.1.8 俯视悬停，镜头朝下 ······76
5.2 6 组常用的飞行动作 ······77
5.2.1 原地转圈飞行 ······77
5.2.2 360° 环绕飞行 ······78
5.2.3 后退拉高飞行 ······79
5.2.4 拉升旋转飞行 ······80
5.2.5 前进旋转飞行 ······81
5.2.6 穿越向前飞行 ······82
第 6 章 能力提升：8 组空中摄像的航拍镜头 ······83
6.1 4 组空中摄像的常见镜头 ······84
6.1.1 斜角俯视向前的镜头 ······84
6.1.2 一直向前逐渐拉高的镜头 ······85

6.1.3 云台朝下冲天飞行的镜头 ······ 86
6.1.4 飞越主体再回转的镜头 ······ 87
6.2 4组独特的视频俯拍镜头 ······ 88
6.2.1 俯视下降的镜头 ······ 88
6.2.2 俯视向前的镜头 ······ 90
6.2.3 俯视螺旋上升的镜头 ······ 92
6.2.4 俯视螺旋下降的镜头 ······ 93
第7章 高手进阶：10组高难度的航拍手法 ······ 94
7.1 5组高级航拍镜头 ······ 95
7.1.1 航拍汽车的对冲镜头 ······ 95
7.1.2 使用变焦功能航拍风景画面 ······ 96
7.1.3 使用摇镜扩大单一场景的表现力 ······ 97
7.1.4 使用多角度跟随主体目标对象 ······ 98
7.1.5 “一镜到底”长镜头的拍摄方法 ······ 99
7.2 5组逆光航拍技法 ······ 100
7.2.1 表现云彩的航拍技法 ······ 101
7.2.2 表现剪影的航拍技法 ······ 102
7.2.3 表现前景让画面具有层次感 ······ 103
7.2.4 表现高调画面让整个画面充满阳光 ······ 103
7.2.5 表现耶稣光的视频画面特效 ······ 104

【进阶篇】

第8章 一键短片：快速生成满意的视频作品 ······ 105
8.1 “渐远”模式飞行 ······ 106
8.1.1 手动设置渐远飞行的距离 ······ 106
8.1.2 框选目标渐远飞行120米 ······ 107
8.2 “环绕”模式飞行 ······ 109
8.2.1 顺时针环绕飞行 ······ 109
8.2.2 逆时针环绕飞行 ······ 110
8.3 “螺旋”模式飞行 ······ 111
8.4 “冲天”模式飞行 ······ 112
8.5 “慧星”模式飞行 ······ 113
8.6 “小行星”模式飞行 ······ 114

第9章　智能跟随：让镜头跟随主体目标航拍视频 …………………………116

9.1 “普通”智能跟随模式………………………………………………117
9.1.1 向右旋转航拍人物 ……………………………………………117
9.1.2 向左旋转航拍人物 ……………………………………………119
9.2 “平行”智能跟随模式………………………………………………120
9.2.1 平行跟随人物运动 ……………………………………………120
9.2.2 向后倒退跟随航拍视频 ………………………………………121
9.3 “锁定”智能跟随模式………………………………………………122
9.3.1 固定位置航拍人物 ……………………………………………122
9.3.2 锁定目标拉高后退飞行 ………………………………………123

第10章　指点飞行：按照指定方向飞行航拍视频…………………………124

10.1 “正向指点”模式飞行 ……………………………………………125
10.1.1 设置正向飞行的速度 …………………………………………125
10.1.2 在画面中指定目标对象 ………………………………………126
10.1.3 向前拉低飞行无人机 …………………………………………126
10.2 “反向指点”模式飞行 ……………………………………………127
10.2.1 设置反向飞行的速度 …………………………………………127
10.2.2 在画面中指定目标对象 ………………………………………128
10.2.3 平行后退飞行无人机 …………………………………………129
10.3 “自由朝向指点”模式飞行 ………………………………………130

第11章　环绕飞行：围着主体目标进行360°航拍…………………………131

11.1 设置兴趣点环绕的参数……………………………………………132
11.1.1 在画面中框选兴趣点 …………………………………………132
11.1.2 设置环绕飞行的半径 …………………………………………134
11.1.3 设置环绕飞行的高度 …………………………………………134
11.1.4 设置环绕飞行的速度 …………………………………………135
11.2 设置兴趣点环绕的方向……………………………………………135
11.2.1 逆时针环绕飞行无人机 ………………………………………136
11.2.2 顺时针环绕飞行无人机 ………………………………………136

第12章　航点飞行：按照设定的航向拍摄视频……………………………138

12.1 设置航点和飞行路线………………………………………………139
12.1.1 添加航点和路线 ………………………………………………139

12.1.2 设置航点的参数 …… 141
12.1.3 设置航线的类型 …… 142
12.2 设置无人机的朝向和速度 …… 143
12.2.1 自定义无人机的朝向 …… 143
12.2.2 设置统一的巡航速度 …… 144
12.2.3 添加兴趣目标点 …… 144
12.2.4 按照航点飞行无人机 …… 146
12.3 保存、载入与删除航点信息 …… 147
12.3.1 保存航点飞行路线 …… 147
12.3.2 载入航点飞行路线 …… 148
12.3.3 删除航点飞行路线 …… 149

第 13 章 延时摄影：拍出精彩的延时风光大片 …… 152

13.1 航拍延时的准备工作 …… 153
13.1.1 了解航拍延时的拍摄要点 …… 153
13.1.2 做好航拍延时的准备工作 …… 154
13.1.3 保存 RAW 格式的序列原片 …… 154
13.1.4 了解 4 种延时摄影的模式 …… 155
13.2 掌握 4 种延时的飞行技法 …… 156
13.2.1 延时 1：自由延时拍摄手法 …… 156
13.2.2 延时 2：环绕延时拍摄手法 …… 157
13.2.3 延时 3：定向延时拍摄手法 …… 159
13.2.4 延时 4：轨迹延时拍摄手法 …… 161

【高手篇】

第 14 章 全景摄影：空中拍摄与拼接全景技巧 …… 165

14.1 使用无人机拍摄全景照片 …… 166
14.1.1 拍摄球形全景照片 …… 166
14.1.2 拍摄 180° 全景照片 …… 167
14.1.3 拍摄广角全景照片 …… 167
14.1.4 拍摄竖拍全景照片 …… 168
14.2 全景照片的后期拼接技巧 …… 169
14.2.1 手动拍摄全景图片 …… 169
14.2.2 使用 Photoshop 拼接全景图片 …… 169

14.2.3 制作360° 全景小星球效果 ………………………………… 171
14.2.4 制作动态全景小视频效果 ………………………………… 175

第15章 夜景视频：拍出城市中绚丽的灯光美景 ………………177

15.1 航拍夜景的五大注意事项 ………………………………… 178
15.1.1 白天提前到相应位置踩点 ………………………………… 178
15.1.2 拍摄时将飞行器前臂灯关闭 ………………………………… 178
15.1.3 适当调节云台的拍摄角度 ………………………………… 179
15.1.4 设置画面的白平衡校正色彩 ………………………………… 180
15.1.5 设置ISO、快门与光圈参数 ………………………………… 181
15.2 航拍夜景视频的两种技巧 ………………………………… 182
15.2.1 使用"纯净夜拍"模式航拍夜景 ………………………………… 183
15.2.2 使用"竖拍全景"模式航拍夜景 ………………………………… 184

第16章 影视镜头：拍出电影级视觉大片效果 ………………185

16.1 了解影视剧的制作与拍摄 ………………………………… 186
16.1.1 了解影视剧的制作流程 ………………………………… 186
16.1.2 了解影视剧本的拍摄计划 ………………………………… 186
16.2 航拍影视剧中的人物对象 ………………………………… 187
16.2.1 一直往前的镜头航拍人物 ………………………………… 187
16.2.2 360° 环绕镜头航拍人物 ………………………………… 188
16.2.3 近景半环绕镜头航拍人物 ………………………………… 189
16.3 航拍影视剧中的大场景 ………………………………… 190
16.3.1 后退拉高镜头体现大场景 ………………………………… 190
16.3.2 俯视向前镜头航拍大场景 ………………………………… 191
16.3.3 侧飞镜头航拍城市大场景 ………………………………… 192
16.4 航拍影视剧中的城市建筑 ………………………………… 193
16.4.1 俯视环绕航拍城市建筑 ………………………………… 193
16.4.2 固定延时航拍城市建筑 ………………………………… 194
16.4.3 从下往上航拍城市建筑 ………………………………… 195

第17章 商业视频：航拍震撼的汽车广告效果 ………………196

17.1 掌握汽车视频的拍摄事项 ………………………………… 197
17.1.1 尽量多拍汽车飞驰的场景 ………………………………… 197
17.1.2 从不同的角度进行分解拍摄 ………………………………… 198
17.2 掌握汽车广告的多种拍法 ………………………………… 199

17.2.1 垂直90° 旋转俯拍汽车 …… 199
17.2.2 俯视向前飞行航拍汽车 …… 200
17.2.3 从后面近景跟踪航拍汽车 …… 201
17.2.4 后退并逐渐拉高航拍汽车 …… 202
17.2.5 对汽车进行360° 环绕航拍 …… 203
17.2.6 使用“一镜到底”跟拍汽车 …… 204

【后期篇】

第18章 自带后期：使用DJI GO 4剪辑视频 …… 206

18.1 使用“影片－自动编辑”模式剪辑视频 …… 207
18.1.1 导入多段视频素材 …… 207
18.1.2 替换之前的视频片段 …… 208
18.1.3 为视频添加滤镜效果 …… 209
18.2 使用“影片－自由编辑”模式剪辑视频 …… 209
18.2.1 导入航拍视频素材 …… 209
18.2.2 调整视频的播放速度 …… 211
18.2.3 剪辑视频中的开头部分 …… 212
18.2.4 调整视频的色彩和色调 …… 214
18.2.5 在视频之间添加转场特效 …… 216
18.2.6 为视频添加标题字幕效果 …… 218
18.2.7 为视频画面添加背景音乐 …… 219

第19章 专业后期：使用剪映App剪辑视频 …… 222

19.1 剪辑视频片段 …… 223
19.1.1 快速剪辑视频片段 …… 223
19.1.2 对视频进行变速处理 …… 225
19.1.3 对视频进行倒放处理 …… 227
19.1.4 调整视频的色彩与色调 …… 228
19.2 制作视频画面特效 …… 230
19.2.1 为视频添加开场特效 …… 230
19.2.2 为视频添加转场特效 …… 231
19.3 添加字幕与背景音乐 …… 232
19.3.1 为视频添加字幕效果 …… 232
19.3.2 为视频添加背景音乐 …… 234

【入门篇】

第1章 航拍入门：快速进入无人机专业领域

1.1 选择一款适合自己的无人机

如今，无人机的类型非常多，应该如何选择一款适合自己的无人机呢？首先，要根据自己的用途来做出选择。问问自己：购买无人机主要用来做什么？是只想简单玩玩，还是用于专业的航空拍照？还是用来拍电影、电视剧？或者是用于农业领域？

不同的用途，适合使用的无人机设备也不同。大疆是目前世界范围内航拍平台的领先者，先后研发出了多款不同的无人机系列，如大疆精灵系列（Phantom）、悟系列（Inspire）及御系列（Mavic），都十分受航拍爱好者的青睐。

1.1.1 购买前先看这里，别浪费钱

作为一名无人机航拍新手，应该如何选购无人机呢？笔者有以下几点建议。

① 追求性价比，可以选择大疆Mavic Air 2，参考价格为4999元左右。

② 追求画质，预算充足，可以选择大疆Mavic 2 Pro，参考价格为9888元左右。

③ 追求便携，预算有限，可以选择大疆Mavic Mini 2，参考价格为2899元左右。

④ 预算紧张，千元以内，可以选择大疆特洛Tello，参考价格为700元左右。

⑤ 如果是航拍电影、电视剧、商业广告等，可以选择购买大疆悟系列（Inspire）。

⑥ 如果本身有一定的摄影水平，为了拓展自己的职业技能而进入航拍领域的话，可以购买大疆的精灵系列与御系列。

图1-1所示为御系列的两款热门无人机（Mavic Air 2和Mavic Mini2）。

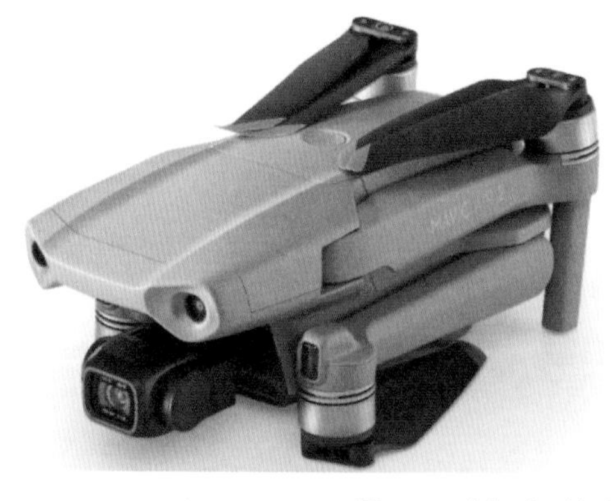

图 1-1　Mavic Air 2 和 Mavic Mini2 机型

1.1.2　了解大疆的热门机型与性能

下面，笔者对大疆系列的无人机进行简单讲解，帮助大家更好地选购无人机。

① 御系列（Mavic Air 2）：机身重570克，搭载了1/2英寸CMOS传感器，可拍摄4800万像素照片、4K/60fps视频及8K移动延时视频，电池的续航时间长达30分钟左右。这款无人机性价比很高，深受用户喜爱。

② 御系列（Mavic 2 Pro）：拥有全方位的避障系统，让普通摄影玩家也可以无所畏惧地遨游天空。拥有 2000 万像素航拍照片，能够拍摄 4K 分辨率的视频，并配备地标领航系统，具有更强大的续航能力，最长飞行时间可达 30 分钟左右。

③ 御系列（Mavic Mini 2）：机身重量轻于249克，像御Mavic 2 Pro一样可以折叠，桨叶被保护罩完全包围，飞行时特别安全，1200万像素能航拍出高清的照片，还可以拍摄4K高清视频，内置了多种航拍手法与技术，轻松一按即可拍出唯美大片。

④ 大疆精灵系列（Phantom）：大疆的精灵系列（Phantom）是一款便携式的四旋翼飞行器，引发了航拍领域的重大变革。大疆推出的第一款无人机就是精灵，从一代开始，发展到现在的四代Pro，原先的入门级机型变成了准专业机型。虽然脚架不可折叠，但却是目前这款机器的优势，在恶劣环境下脚架可以作为起飞降落的手持工具，最为方便。另外，同为1英寸感光元件，精灵4P的夜景视频能力超过了同等价位的御Mavic 2 Pro。

⑤ 悟系列（Inspire）：目前大疆悟系列的最新款是悟2，具有全新的前置立体视觉传感器，可以感知前方最远30米的障碍物，具有自动避障功能。机体装有FPV摄像头，内置全新图像处理系统CineCore 2.0，支持各种视频压缩格式，其动力系统也进行了全面升级，上升最大速度为6米/秒，下降最大速度为9米/秒。如果是拍电影或者商业视频，这款无人机拥有DNG序列和ProRes视频拍摄能力，是一个较好的选择。

1.1.3　熟知无人机的规格参数与物品清单

通常情况下，应根据自己的实际需求选择适合自己的无人机。在购买无人机之前，需要先了解无人机的规格参数，比如无人机的飞行速度、云台的可转动范围、相机的拍照尺寸及录像分辨率等，这些参数对于购买哪款无人机具有参考意义。

在购买无人机时，根据笔者的购买经验，一定要先熟知无人机有哪些物品清单，而且验货时要一一核对、验证，否则可能会出现配件缺少的情况，一个小配件可能不值多少钱，但专门再跑一趟购买，非常不划算，所以验货时一定要仔细。

冬天，如果外部环境温度过低，电池可能会出现充不进电的情况，此时不是电池出了问题，而是充电环境温度不适宜，只需把电池放到温暖的环境下加温，待电池有了一定温度后再充电，就没有问题了。

1.2 认识无人机的机身及各配件

购买无人机后，接下来需要认识无人机的机身及相关配件，熟知各配件的相关功能和作用，这样可以帮助用户更安全地飞行无人机。

1.2.1 掌握遥控器的功能

以大疆御Mavic 2专业版为例，这款无人机的遥控器采用OCUSYNCTM 2.0高清图传技术，通信距离最大可在8千米以内，通过手机屏幕可以高清显示所拍摄的画面，遥控器的电池最长工作时间为1小时15分钟左右。

遥控器上的各个功能按钮如图1-2所示。

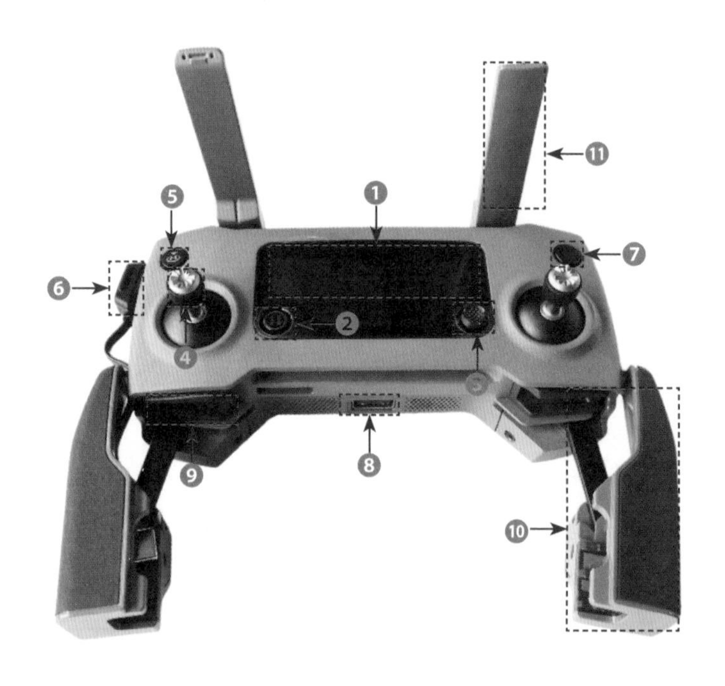

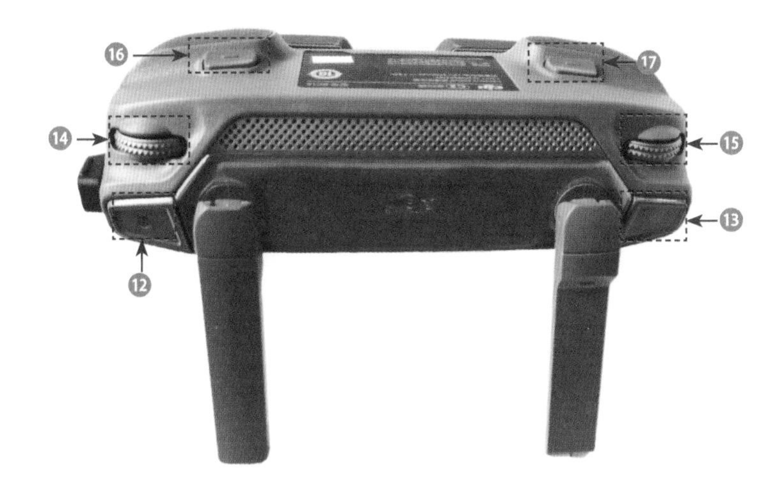

图 1–2　遥控器上的各个功能按钮

下面详细介绍遥控器上各个按钮的含义及功能。

❶ 状态显示屏：可以实时显示飞行器的飞行数据，如飞行距离、飞行高度及剩余的电池电量等信息。

❷ 急停按钮：当用户在智能飞行过程中，如果中途出现特殊情况需要停止飞行，可以按下此按钮，飞行器将停止当前的一切飞行活动。

❸ 五维按钮：这是一个自定义功能键，用户可以在飞行界面点击右上角的“通用设置”按钮，打开“通用设置”界面，在左侧点击“遥控器”按钮，进入“遥控器功能设置”界面，在其中可以自定义设置五维键的功能，如图1–3所示。

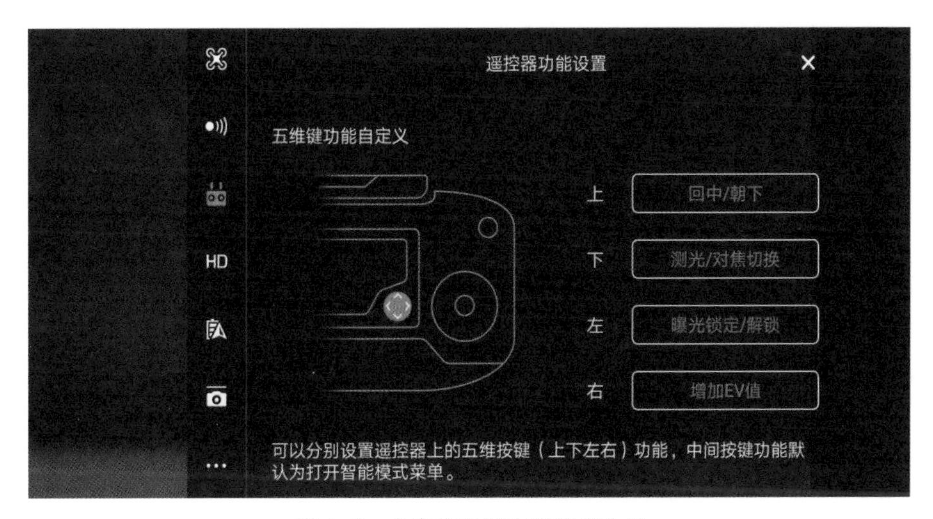

图 1–3　自定义设置五维键的功能

❹ 可拆卸摇杆：摇杆主要负责飞行器的飞行方向和飞行高度，如前、后、左、右、上、下及旋转等。

❺ 智能返航键：长按智能返航键，将发出"嘀嘀"的声音，此时飞行器将返航至最新记录的返航点，在返航过程中还可以使用摇杆控制飞行器的飞行方向和速度。

❻ 主图传/充电接口：接口为Micro USB，该接口有两个作用，一是用来充电；二是用来连接遥控器和手机，通过手机屏幕查看飞行器的图传和飞行信息。

❼ 电源按钮：首先短按一次电源按钮，状态显示屏上将显示遥控器当前的电量信息，然后再长按3秒，即可开启遥控器，显示开机信息。关闭遥控器的方法也是一样的，首先短按一次，然后长按3秒，即可关闭遥控器。

❽ 备用图传接口：这是备用的USB图传接口，当拔下主图传接口数据线后，可用USB数据线连接平板电脑。

❾ 摇杆收纳槽：当用户不再使用无人机时，需要将摇杆取下，放进该收纳槽中。

❿ 手柄：双手握着手柄，手机放在两个手柄的中间卡槽位置，用于稳定手机等移动设备。

⓫ 天线：用于接收信号信息，准确地与飞行器进行信号接收与传达。

⓬ 录影按钮：按下该按钮，可以开始或者停止视频画面的录制操作。

⓭ 对焦/拍照按钮：该按钮为半按状态时，可以为画面对焦；按下该按钮，可以拍照。

⓮ 云台俯仰控制拨轮：可以实时调节云台的俯仰角度和方向。

⓯ 光圈/快门/ISO调节拨轮：可以根据拍摄模式调节光圈、快门和ISO的具体参数，点按可以切换调节选项，滚动可以调节具体数值。

⓰ 自定义功能按键C1：该按钮默认情况下是中心对焦功能，用户可以在DJI GO 4的"通用设置"界面中，自定义设置功能按键。

⓱ 自定义功能按键C2：该按钮默认情况下是回放功能，用户可以在DJI GO 4的"通用设置"界面中，自定义设置功能按键。

1.2.2 认识状态显示屏的信息

要想安全地飞行无人机，需要掌握遥控器状态显示屏中的各个功能信息，熟知它们代表的具体含义，如图1–4所示。

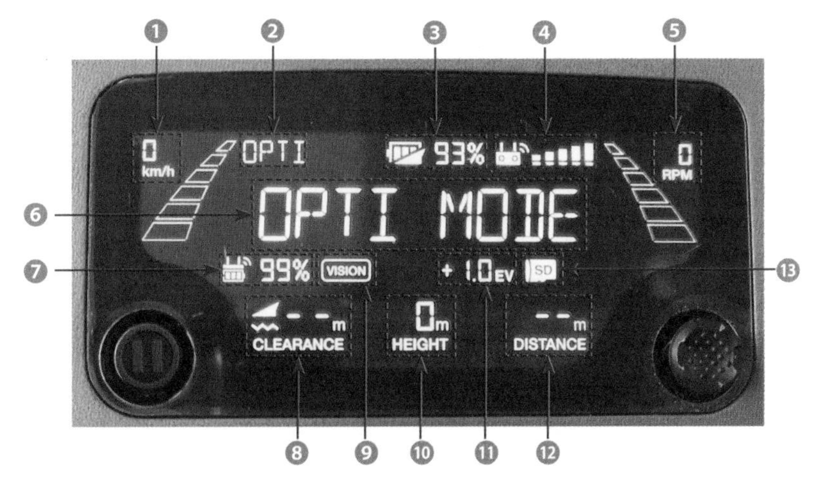

图 1–4　遥控器状态显示屏

下面向读者简单介绍状态栏中各信息的含义。

❶ 飞行速度：显示飞行器当前的飞行速度。

❷ 飞行模式：显示当前飞行器的飞行模式，OPTI是指视觉模式。如果显示的是GPS，则表示当前是GPS模式。

❸ 飞行器的电量：显示当前飞行器的剩余电量信息。

❹ 遥控器信号质量：五格信号代表质量非常好，如果只有一格信号则表示信号弱。

❺ 电机转速：显示当前电机转速数据。

❻ 系统状态：显示当前无人机系统的状态信息。

❼ 遥控器电量：显示当前遥控器的剩余电量信息。

❽ 下视视觉系统显示高度：显示飞行器下视视觉系统的高度数据。

❾ 视觉系统：此处显示的是视觉系统的名称。

❿ 飞行高度：显示当前飞行器飞行的高度。

⓫ 相机曝光补偿：显示相机曝光补偿的参数值。

⓬ 飞行距离：显示当前飞行器起飞后与起始位置的距离值。

⓭ SD卡：这是SD卡的检测提示，表示SD卡正常。

1.2.3　控制好操作杆安全飞行

遥控器的操作杆又被称为摇杆，其操控方式有两种，一种是“美国手”，另一种是“日本手”。遥控器出厂时，默认的操作方式是“美国手”。

所谓“美国手”，就是左摇杆控制飞行器的上升/下降、左转/右转操作，右摇杆控制飞行器的前进/后退、向左/向右的飞行方向，如图1–5所示。

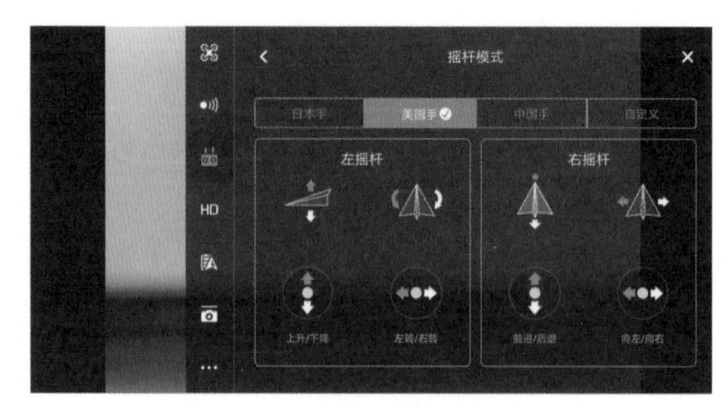

图 1–5　“美国手”的操控方式

“日本手”就是左摇杆控制飞行器的前进/后退、左转/右转，右摇杆控制飞行器的上升/下降、向左/向右飞行，如图1–6所示。

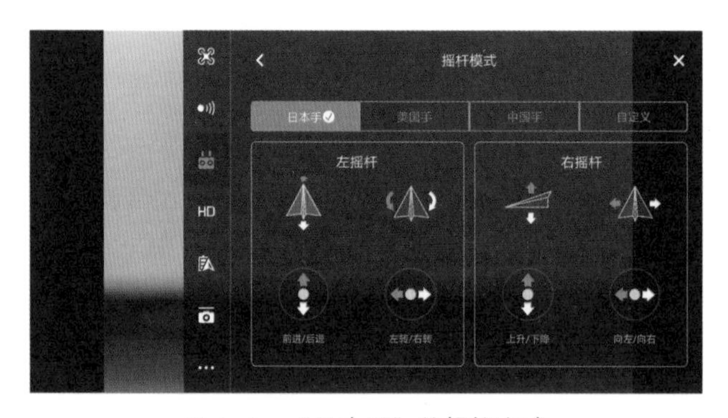

图 1–6　“日本手”的操控方式

本书以“美国手”为例介绍遥控器的具体操控方式，这是学习无人机飞行的基础和重点，能否安全地飞好无人机，关键在于对摇杆操控的熟练度，希望大家熟练掌握。

① 下面介绍左摇杆的具体操控方式。

· 左摇杆向上推杆，表示飞行器上升；

· 左摇杆向下推杆，表示飞行器下降；

· 左摇杆向左推杆，表示飞行器逆时针旋转；

· 左摇杆向右推杆，表示飞行器顺时针旋转；

· 左摇杆位于中间位置时，飞行器的高度、旋转角度均保持不变；

· 飞行器起飞时，应该将左摇杆缓慢地往上推杆，让飞行器缓慢上升，慢慢离开地面，这样飞行才安全。如果用户猛地将左摇杆往上推，那么飞行器会急速上冲，油门摇杆加油过量，如果顶部有障碍物，一不小心就会引起炸机风险。

② 下面介绍右摇杆的具体操控方式。

· 右摇杆向上推杆，表示飞行器向前飞行；

· 右摇杆向下推杆，表示飞行器向后飞行；

· 右摇杆向左推杆，表示飞行器向左飞行；

· 右摇杆向右推杆，表示飞行器向右飞行；

· 向上、向下、向左、向右推杆的过程中，推杆的幅度越大，飞行速度越快。

1.2.4　控制好云台的拍摄方向

近年来，随着无人机的不断更新和进步，无人机中的三轴稳定云台为无人机相机提供了稳定的平台，可以使无人机在天空中高速飞行时，也能拍摄出清晰的照片和视频。

无人机在飞行过程中，用户有两种方法可以调整云台的角度，一种是通过遥控器上的云台俯仰控制拨轮调整云台的拍摄角度；另一种是在DJI GO 4 App飞行界面中，长按图传屏幕，此时屏幕中将出现蓝色光圈，通过拖动光圈也可以调整云台的角度。

无人机的拍摄功能十分强大，云台可在跟随模式和FPV模式下工作，以拍摄出用户需要的照片或视频画面。图1-7所示为御Mavic 2专业版的云台相机。

图 1-7　御 Mavic 2 专业版的云台相机

御Mavic 2云台俯仰角度的可控范围在-90°～+30°之间。云台是一个非常脆弱的设备，所以在操控云台的过程中需要注意，开启无人机的电源后，不要再碰撞云台，以免云台受损，导致云台性能下降。

1.2.5 掌握螺旋桨的安装技巧

御Mavic 2专业版无人机使用降噪快拆螺旋桨，桨帽分为两种，一种是带白色圆圈标记的螺旋桨，另一种是不带白色圆圈标记的螺旋桨，如图1-8所示。

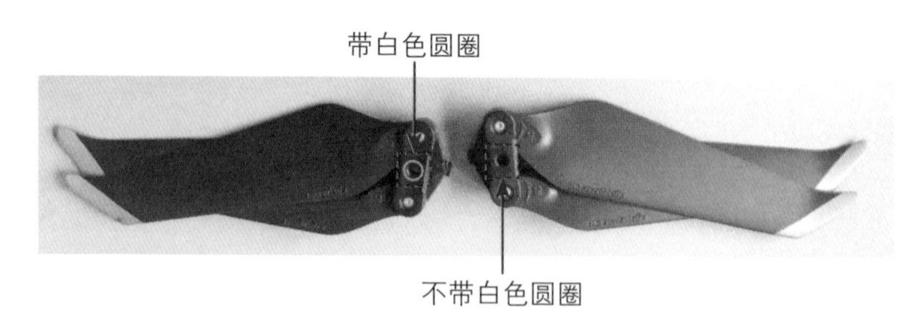

图 1-8 带白色圆圈和不带白色圆圈标记的螺旋桨

将带白色圆圈的螺旋桨安装至带白色标记的安装座上，如图1-9所示；将不带白色圆圈的螺旋桨安装至不带白色标记的安装座上，如图1-10所示。

图 1-9 带白色标记的安装座

图 1-10 不带白色标记的安装座

将桨帽对准电机桨座的孔，如图1-11所示。嵌入电机桨座并按压到底，再沿一个可以旋转的方向旋转螺旋桨到底，松手后螺旋桨将弹起锁紧，如图1-12所示，一定要检查螺旋桨有没有锁紧。

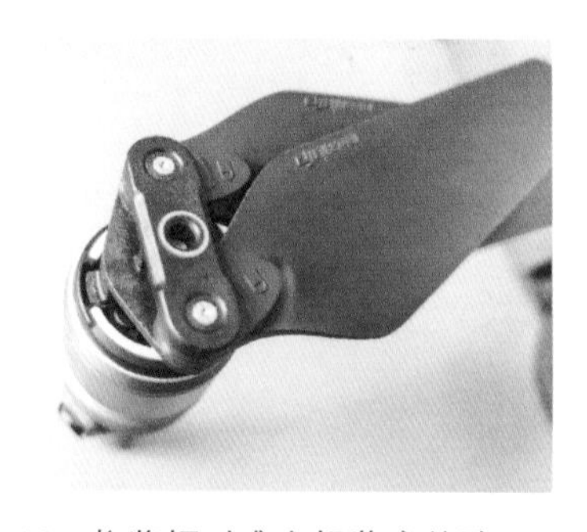

图 1-11 将桨帽对准电机桨座的孔

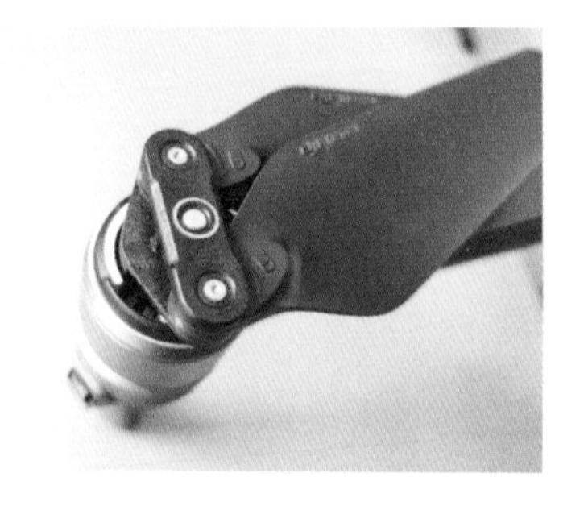

图 1-12 螺旋桨弹起锁紧

当不需要再飞行无人机时，可以将无人机收起来。在折叠收起的过程中，需要将螺旋桨也收起来，这样可以防止螺旋桨伤到人或者损坏。拆卸螺旋桨的方法很简单，只需用力按压桨帽到底，然后按照指示从可以旋转的方向旋转螺旋桨到底，即可拧出拆卸下来。

在拆卸和使用螺旋桨的过程中，用户需要注意以下7点。

① 用户需要使用相同型号的螺旋桨，切忌不可与其他无人机的螺旋桨混用。

② 由于螺旋桨的桨叶比较薄，用户拿起或者放下时，一定要小心。

③ 螺旋桨属于容易损耗的配件，如果有损伤了，一定要更换，不可再使用。

④ 每次飞行前，一定要先检查螺旋桨是否完好，电机是否正常，螺钉是否有松动，配件是否有老化、变形、破损的状况。

⑤ 确保电机安装牢固，电机内无异物，可以自由旋转。

⑥ 用户千万不能自行改装电机的物理结构。

⑦ 当用户停止无人机的飞行后，不要立马用手去拆卸螺旋桨，因为此时的电机处于发烫状态，容易烫伤手，等电机冷却后再拆卸螺旋桨。

1.2.6　认识无人机的电池设备

电池是无人机的动力、马达，是专门给无人机供电的，如果电量不足，无人机就无法飞行，所以要学会正确地使用与保养电池，让它能经久耐用。一般情况下，购买无人机时，机器本身会自带一块电池，而一块电池只能飞行30分钟左右，远远不能满足日常拍摄需求，所以建议大家再购买两块电池备用。图1–13所示为御Mavic 2专业版的电池。

图 1–13　御 Mavic 2 专业版的电池

1.3 提前知晓飞行的注意事项

在飞行无人机的过程中，会遇到很多突发事件，对于新手来说通常会感到紧张、不知所措，生怕无人机坠落。本节将列举几种常见的飞行问题，教会用户如何处理飞行中的突发事件，规避坠机的风险。

1.3.1 关于指南针异常的提示

无人机起飞之前，当指南针受到干扰后，DJI GO 4 App左上角的状态栏中会显示指南针异常的信息提示，并且会以红色显示，如图1-14所示，提示用户移动无人机或者校准指南针。此时，用户只需按照界面提示重新校准指南针即可解决这个问题。

图 1-14　显示指南针异常的信息提示

比较麻烦的情况是，当无人机在空中飞行时，状态栏提示指南针异常，此时飞行器为了减少干扰会自动切换到姿态模式，而飞行器在空中飞行时会出现漂移现象，此时用户千万不要慌乱，建议轻微地调整摇杆，保持无人机的稳定状态，然后尽快离开干扰区域，将无人机飞行到安全环境中进行降落。

1.3.2 飞行中遭遇大风如何处理

在大风天气内飞行无人机时，建议打开姿态球，点击App左下角图框中右上角的圆点◎，即可打开姿态球，如图1-15所示。姿态球中蓝色与灰色的比例表示无人机的倾斜姿态。推荐飞行时的最大风速为3级，经笔者实际测试，御系列的无人机在3级风速下仍能稳定悬停。

图 1-15　打开姿态球

在大风中飞行时，一定要密切监视无人机的姿态，如果在空中遭遇了5级强风，姿态球倾斜达到极限时，不要慌张，查看无人机是否能够悬停。如果无人机还能悬停，就尽量返航，避免坠机的损失；如果无人机已经无法悬停，此时逆风打杆并不起作用，所要做的就是迅速下降无人机，一般在低空中飞行时风速会小很多。

如果刚开始时是逆风飞行，那么控制无人机顺风返航比较容易；如果无人机刚开始时是顺风飞行，此时如果无人机无法抵抗逆风，很有可能越飞越远。注意，风的吹向可能会遮挡无人机的信号和视线，这时可以往风向相反的方向打杆，让机器保持在目视范围和信号控制范围内，然后继续控制无人机的下降，时刻观测图传画面和地图的航线，查看无人机能否保持悬停。如果能悬停，再往回打杆返航。如果还是不能控制，建议调整摄像头垂直90° 向下，抓紧时间寻找降落地点，优先寻找绿地等坠机损失较小的地方。

如果能看到无人机的降落地点并停机，抓紧时间赶过去，避免有人捡走。注意遥控器不要关机，随时查看有无图传，这也是寻找机器的一种方式。如果降落时没有遥控信号就比较麻烦，和丢失图传一样，如果设置为失控悬停，这时要立即赶到降落地点。如果设置为返航，无人机可能会再次拉升，赶过去的途中随时注意有无图传信号，尽量在返航线上移动，随时监测图传有无恢复。

最后再补充一点，当遭遇大风无法悬停时，还可以切换为运动飞行模式，可以加大抗风能力。注意，一定要将机头对着风向逆风满杆飞行，这种状态下飞行的抗风能力会加大很多，在紧急情况下可以尝试，其他情况下不建议使用。

1.3.3 飞行中提示GPS信号丢失

当GPS信号丢失或者GPS信号比较弱时，DJI GO 4 App界面左上角会提示用户“GPS信号弱，已自动进入姿态模式，飞行器将不会悬停，请谨慎飞行”，当用户看到此类信息时，无人机已自动切换到姿态模式或者视觉定位模式，左上方的状态栏会显示无人机的飞行模式，如图1–16所示。

图 1–16 左上方的状态栏显示无人机的飞行模式

飞行过程中，当无人机自动进入姿态模式或者视觉定位模式后，此时用户不要慌张，轻微调整摇杆，以保持无人机的稳定飞行。用户应尽快将无人机驶出干扰区域，或者在一个相对安全的环境中降落无人机，以免出现坠机的风险。

1.3.4 飞行中提示图传信号丢失

当DJI GO 4 App上的图传信号丢失时，第一时间调整天线，尝试转动自己的身体，观察能否重新获得图传信号。马上目视查找无人机，如果无人机目视可见，可以判断无人机的朝向，控制无人机返航。如果无人机不在可视范围内，很可能是被建筑物遮挡住了。如果是高度上遮挡，可以尝试拉升无人机5秒钟，不可多操作；如果是方位遮挡，在确认安全的情况下迅速移动，试图避开建筑物障碍，尝试重新获得图传。

经过上述操作后，如果无人机还是没有图传信号，请检查DJI GO 4 App上方遥控器信号是否存在，然后打开全屏地图，尝试转动无人机的方向，检查屏幕上无人机的朝向是否有变化。如果有变化，说明只是图传丢失，仍然可以通过地图的方位指引无人机进行返航。

1.3.5　飞行中提示遥控器信号中断

飞行过程中，如果遥控器的信号中断了，此时千万不要随意拨动摇杆，先观察一下遥控器的指示灯，如果指示灯显示为红色，则表示遥控器与无人机已中断，这个时候无人机会自动返航，用户只需在原地等待无人机返回即可，调整好遥控器的天线，随时观察遥控器上的信号是否已与无人机连接上。

当用户恢复遥控器与无人机的信号连接后，要找出信号中断的原因，观察周围的环境会对无人机产生哪些影响，以免下次再遇到类似情况。

1.3.6　无人机升空时的注意事项

用户在起飞无人机后，首先将无人机上升至5米的高度，然后悬停一会儿，然后试一试前、后、左、右各飞行动作，检查无人机在飞行过程中是否顺畅、稳定。当用户觉得无人机的各项功能没问题后，再缓慢上升至天空中，以天空的视角来俯瞰大地，发现美景。在飞行过程中，遥控器的天线与无人机的脚架要保持平行，而且天线与无人机之间不能有任何遮挡物，以免影响遥控器与无人机之间的信号传输。

1.3.7　无人机返航/降落时的注意事项

进行无人机返航操作时，对于新手来说，都喜欢用“一键返航”功能，建议用户少用该功能，因为“一键返航”功能也称为“一键放生”，如果用户的返航点没有及时刷新的话，使用“一键返航”功能后，无人机可能就飞至最开始的起飞地点了。不过，如果用户及时刷新了返航点，那么使用“一键返航”功能还是比较实用的。

在无人机降落过程中，一定要确认降落点是否安全，地面是否平整，时刻注意返航的电量情况。凹凸不平的地面或者山区不适合降落无人机，如果用户在这种不平整的地面降落无人机，可能会损坏无人机的螺旋桨。

在无人机降落之前，一定要隔离地面无关人员，选择人群较少的环境下降落，以免阻碍无人机降落，或者伤到其他第三方人员。无论人受伤还是无人机受伤，都会造成一定的损失，所以一定要重视无人机的降落安全。

1.3.8 返航时电量不足怎么办

很多用户在飞行无人机时，没有关注无人机的电量使用情况，当无人机已经提醒用户需要返航时，还在继续拍摄，导致没有留出足够的电量返航。当准备要返航时才发现电量不足，此时已经没有足够的电量让无人机飞回来了，该怎么办呢?

用户可以通过无人机先观察一下周围或者地面的情况，一边返航一边降落，直至无人机提示低电量开始自动降落。当无人机快要降落至视线被遮挡的位置时，可以推上升油门杆继续让无人机保持略微上升。

当无人机电池电量已经低于5%后，而无人机距离目标位置仍有200米以上的距离时，建议不要再操控无人机返航，应该尽量俯瞰地形，寻找一个相对比较安全、有标志性、易于定位的地点降落无人机。然后通过查看DJI GO 4 App来查找无人机的具体位置。结合标志性建筑，找到无人机的降落位置，尽快取回无人机，以免被其他人捡走了。

1.3.9 无人机坠机了如何处理

大疆的无人机，从购买之日开始，保险的有效期是一年，这一年内如果出现坠机的情况，用户可以拿着摔坏的无人机找大疆重新换新机，但如果用户的无人机掉进水里找不到了，那么就无法找大疆换新机，因为大疆换新机的标准是以旧换新。

一年的保险过期后，用户就不能再找大疆免费换新机了，如果无人机出现故障导致坠机，用户也需要支付一定的维修费用。对于新手而言，不建议在水上飞行，因为飞机掉进水中后很难再捞出来，相当于需要重新购买一台新机。

第 2 章

使用工具：下载与操作 DJI GO 4 App

2.1 DJI GO 4 App的基本操作

大疆系列的无人机都需要安装DJI GO 4 App才能正常飞行。本节主要以大疆系列的无人机为例，介绍安装、注册并连接DJI GO 4 App的操作方法。

2.1.1 下载并安装DJI GO 4 App

在手机的应用商店中即可下载DJI GO 4 App。进入手机的应用商店，找到界面上方的搜索栏，输入需要搜索的应用DJI GO 4，点击搜索到的DJI GO 4 App，点击下方的“安装”按钮，开始安装DJI GO 4 App，界面下方显示安装进度，如图2-1所示。DJI GO 4 App安装完成后，点击界面下方的“打开”按钮，如图2-2所示，即可打开DJI GO 4 App界面。

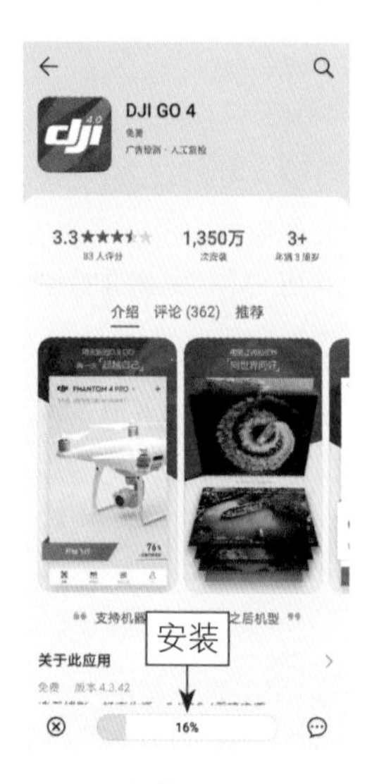

图 2-1　安装 DJI GO 4 App

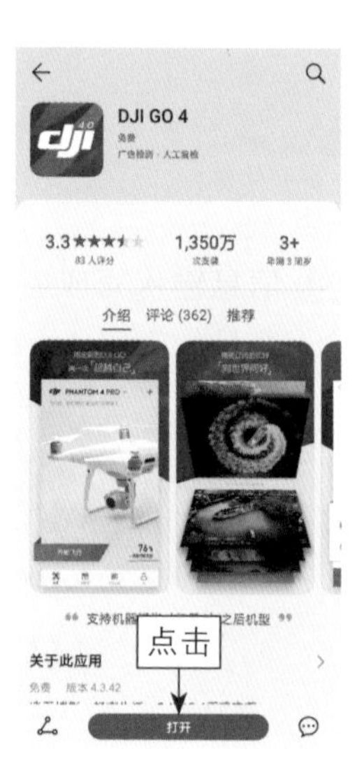

图 2-2　“打开”按钮

2.1.2 注册并登录DJI GO 4 App

当用户在手机中安装好DJI GO 4 App后，接下来需要注册并登录DJI GO 4 App，这样才能在DJI GO 4 App中拥有属于自己独立的账号，该账号中会显示自己的用户名、作品数、粉丝数、关注数及收藏数等信息。下面介绍注册并登录DJI GO 4 App的操作方法。

步骤 01 进入DJI GO 4 App界面，点击左下方的“注册”按钮，如图2-3所示。

步骤 02 进入“注册”界面，❶在上方输入手机号码；❷点击“获取验证码”

按钮，官方会将验证码发送到该手机号码上，当用户收到验证码之后，❸在左侧文本框中输入验证码信息，如图2–4所示。

图2–3　点击“注册”按键

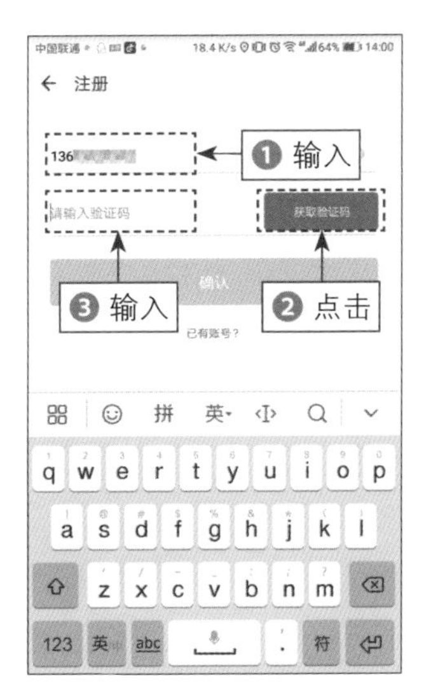

图2–4　输入验证码信息

步骤03 信息输入完成后，点击“确认”按钮，进入“设置新密码”界面，❶在其中输入账号的密码，并重复输入一次密码；❷点击“注册”按钮，如图2–5所示。

步骤04 注册成功后，进入“完善信息”界面，❶在其中设置好用户信息；❷点击“完成”按钮，如图2–6所示。

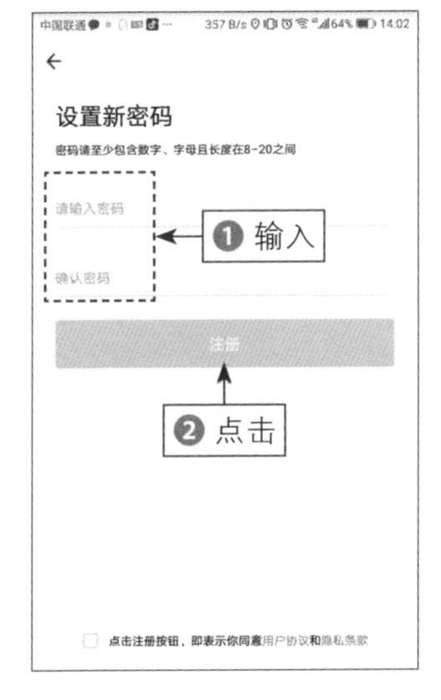

图2–5　点击“注册”按钮

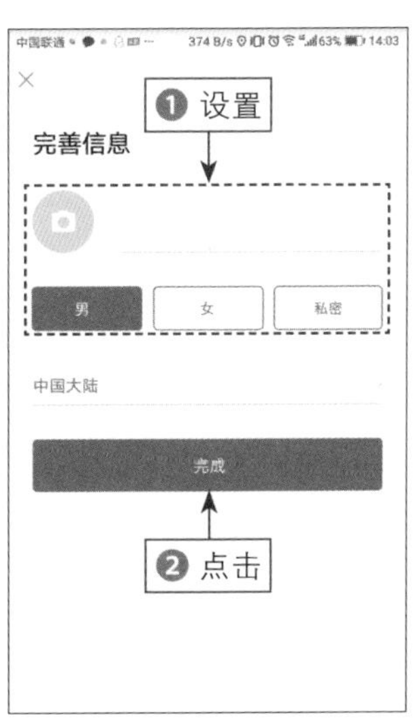

图2–6　点击“完成”按钮

步骤 05 进入“设备”界面，选择“御2”设备，如图2–7所示。

步骤 06 进入“御2”界面，即可完成DJI GO 4 App的注册与登录操作，如图2–8所示。

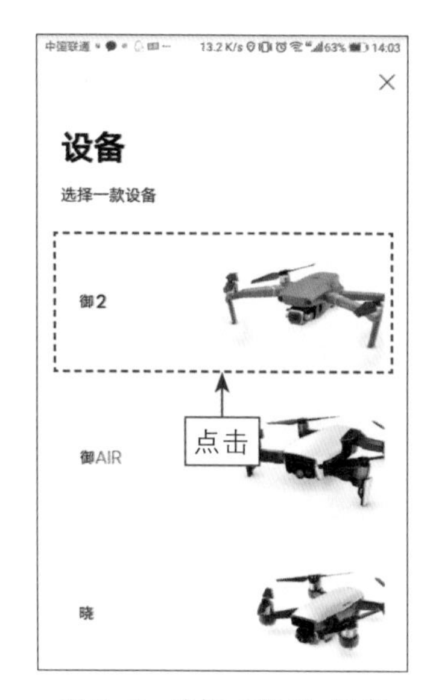

图 2–7 选择“御 2”设备

图 2–8 完成登录操作

2.1.3 用App连接无人机设备

当用户注册并登录DJI GO 4 App后，需要将App与无人机设备进行正确连接，这样才可以通过DJI GO 4 App对无人机进行飞行控制。下面介绍连接无人机的操作方法。

步骤 01 进入DJI GO 4 App主界面，点击“进入设备”按钮，进入“选择下一步操作”界面，选择“连接飞行器”选项，如图2–9所示。

步骤 02 进入“展开机臂和安装电池”界面，根据界面提示，展开无人机的前机臂和后机臂，然后将电池放入电池仓。操作完成后，点击屏幕中的“下一步”按钮，进入“开启飞行器和遥控器”界面，根据界面提示，开启飞行器和遥控器。操作完成后，点击“下一步”按钮，如图2–10所示。

步骤 03 进入“连接遥控器和移动设备”界面，通过遥控器上的转接线，将手机与遥控器进行正确连接，并固定好。稍后屏幕界面中提示设备已经连接成功，点击“完成”按钮，如图2–11所示，即可连接成功。

图 2-9　选择“连接飞行器”选项

图 2-10　点击“下一步”按钮

图 2-11　点击“完成”按钮

2.2 掌握DJI GO 4 App飞行界面

将无人机与手机连接成功后，接下来进入飞行界面，认识DJI GO 4 App飞行界面中的各按钮和图标的功能，帮助用户更好地掌握无人机的飞行技巧。在DJI GO 4 App主界面中，点击“开始飞行”按钮，即可进入无人机飞行界面，如图2-12所示。

下面详细介绍图传飞行界面中各个按钮的含义及功能。

❶ 主界面dji：点击该图标，将返回DJI GO 4 App的主界面。

❷ 飞行器状态提示栏飞行中（GPS）：在该状态栏中显示了飞行器的飞行状态，如果无人机处于飞行中，则显示“飞行中”提示信息。

❸ 飞行模式Position：显示了当前的飞行模式，点击该图标，将进入“飞控参数设置”界面，在其中可以设置飞行器的返航点、返航高度及新手模式等。

❹ GPS状态16：该图标用于显示GPS信号的强弱。如果只有一格信号，说明当前GPS信号非常弱，若强制起飞，会有坠机和丢机的风险；如果显示五格信号，则说明当前GPS信号非常强，用户可以放心地在室外起飞无人机设备。

图 2–12　无人机图传飞行界面

❺ 障碍物感知功能状态：该图标用于显示当前飞行器的障碍物感知功能能否正常工作。点击该图标，进入“感知设置”界面，可以设置无人机的感知系统及辅助照明等。

❻ 遥控链路信号质量：该图标显示遥控器与飞行器之间遥控信号的质量。如果只有一格信号，说明当前信号非常弱；如果显示五格信号，则说明当前信号非常强。点击该图标，可以进入“遥控器功能设置”界面。

❼ 高清图传链路信号质量HD：该图标显示飞行器与遥控器之间高清图传链路信号的质量。如果信号质量高，则图传画面稳定、清晰；如果信号质量差，则可能会中断手机屏幕上的图传画面信息。点击该图标，可以进入“图传设置”界面。

❽ 电池设置82%：可以实时显示当前无人机设备电池的剩余电量，如果飞行器出现放电短路、温度过高、温度过低或者电芯异常，界面都会给出相应提示。点击该图标，可以进入“智能电池信息”界面。

❾ 通用设置•••：点击该按钮，可以进入“通用设置”界面，在其中可以设置相关的飞行参数、直播平台及航线操作等。

❿ 自动曝光锁定AE：点击该按钮，可以锁定当前曝光值。

⓫ 拍照/录像切换按钮：点击该按钮，可以在拍照与拍视频之间进行切换。当用户点击该按钮后，将切换至拍视频界面，按钮也会发生相应变化，变成录像机按钮。

⑫ 拍照/录像按钮：单击该按钮，可以开始拍摄照片或者录制视频画面，再次单击该按钮，将停止视频的录制操作。

⑬ 拍照参数设置：点击该按钮，在打开的面板中可以设置拍照与录像的各项参数。

⑭ 素材回放：点击该按钮，可以回看自己拍摄过的照片和视频文件，可以实时查看素材的拍摄效果是否满意。

⑮ 相机参数AUTO ISO 100 Shutter 1/500 F 6.3 EV +0.0 WB 5400K：显示当前相机的拍照/录像参数，以及剩余的可拍摄容量。

⑯ 对焦/测光切换按钮：点击该图标，可以切换对焦和测光模式。

⑰ 飞行地图与状态：该图标以高德地图为基础，显示了当前飞行器的姿态、飞行方向及雷达功能。点击地图图标，即可放大地图显示，可以查看飞行器目前的具体位置。

⑱ 自动起飞/降落：点击该按钮，可以使用无人机的自动起飞与自动降落功能。

⑲ 智能返航：点击该按钮，可以使用无人机的智能返航功能，帮助用户一键返航无人机。需要注意，使用一键返航功能时，一定要先更新返航点，以免无人机飞到了其他地方，而不是用户当前所在位置。

⑳ 智能飞行：点击该按钮，可以使用无人机的智能飞行功能，如兴趣点环绕、一键短片、延时摄影、智能跟随及指点飞行等模式。

㉑ 避障功能：点击该按钮，将弹出“安全警告”提示信息，提示用户在使用遥控器控制飞行器向前或者向后飞行时，将自动绕开障碍物。

2.3 掌握无人机的4种拍摄模式

要想从无人机航拍摄影“菜鸟”晋升为“高手”，还必须掌握无人机的4种曝光模式，如自动模式、光圈优先模式、快门优先模式及手动模式等，本节进行相关讲解。

2.3.1 模式1：自动模式

AUTO模式就是全自动模式，顾名思义，就是无人机的拍摄曝光工作完全由镜头内部芯片进行全自动处理，作为拍摄者只需按下拍摄键即可。

开启无人机与遥控设备，进入DJI GO 4 App飞行界面，点击右侧的“调整”

按钮☰，进入ISO、光圈和快门设置界面。其中包含4种拍摄模式，第1种是自动模式（AUTO挡），第2种是光圈优先模式（A挡），第3种是快门优先模式（S挡），第4种是手动模式（M挡），如图2-13所示，选择不同的模式可以拍摄出不同的视频效果。

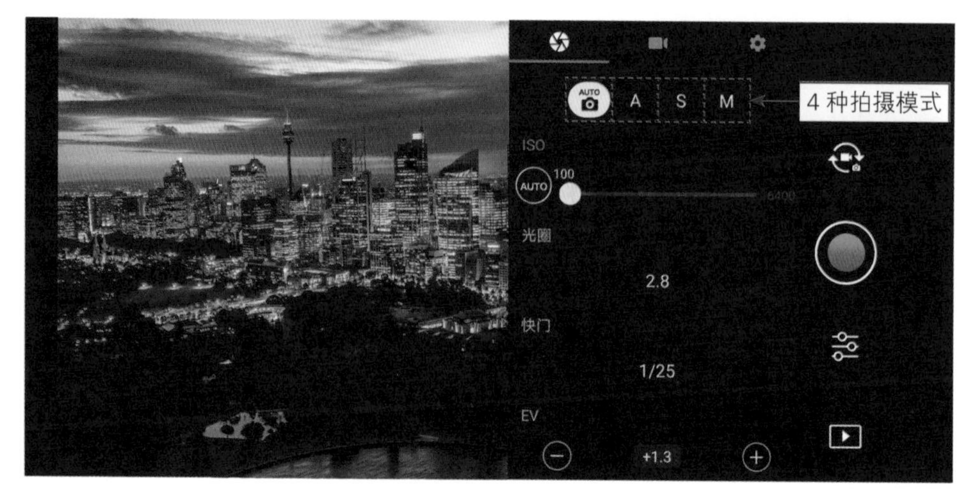

图 2-13　4 种拍摄模式

在自动模式下，可以手动设置ISO参数，无人机会根据所设置的ISO参数来匹配合适的光圈和快门参数，使画面得到一个正常曝光效果。

2.3.2　模式2：光圈优先模式

光圈是一个用来控制光线透过镜头进入机身内感光面光量的装置。光圈有一个非常具象的比喻，即瞳孔。不管是人还是动物，在黑暗的环境中瞳孔总是最大的时候，在灿烂的阳光下瞳孔则是最小的时候。因为瞳孔的直径决定着进光量的多少。相机中的光圈同理，光圈越大，进光量越大；光圈越小，进光量越小。

光圈除了可以控制进光量，还有一个重要的作用——控制景深。光圈值越大，进光量越多，景深越小；光圈值越小，进光量越少，景深越大。当全开光圈拍摄时，合焦范围缩小，可以使画面中的背景产生虚化效果。

在DJI GO 4 App的调整界面中，选择A挡，即光圈优先模式，在下方滑动光圈参数，可以任意设置光圈大小，如图2-14所示。

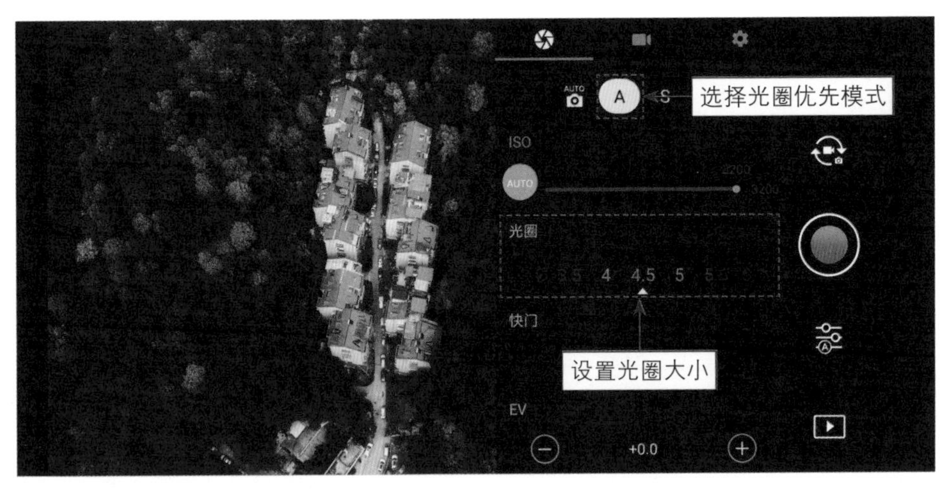

图 2-14　选择光圈优先模式并设置参数

2.3.3　模式3：快门优先模式

快门速度就是“曝光时间”，是指相机快门从打开到关闭的时间。快门是控制照片进光量的一个重要部分，控制着光线进入传感器的时间。假如，将相机曝光拍摄的过程比作用水管给水缸装水的话，快门控制的就是水龙头的开关。水龙头控制装多久的水，而相机的快门则控制着光线进入传感器的时间。

在App界面中一般的表示方法是1/100、1/30、5、8等，将拍摄模式调至S挡（快门优先模式），在下方滑动快门参数，可以任意设置快门速度，如图2-15所示。

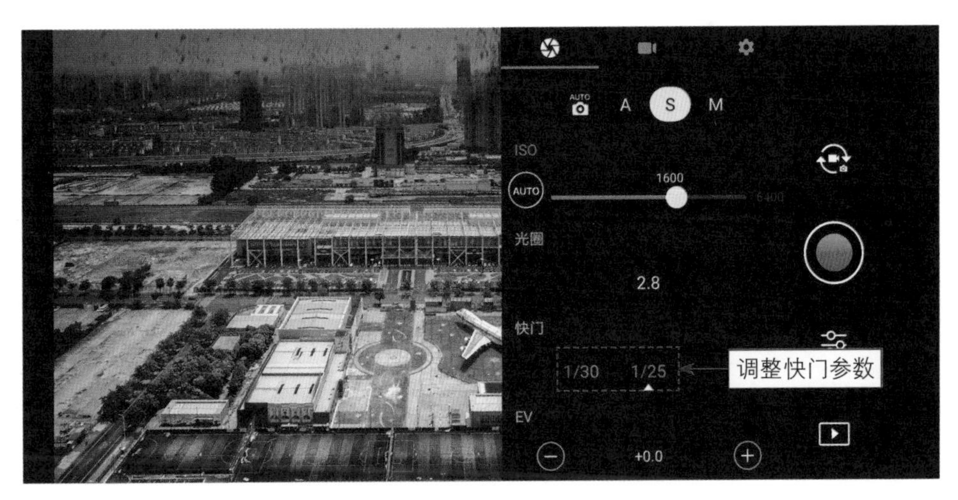

图 2-15　选择快门优先模式并设置参数

2.3.4 模式4：手动模式

在M挡手动模式下，拍摄者可以任意设置视频的曝光参数，对于感光度、光圈和快门，都可以根据实际情况进行手动设置，如图2-16所示。M挡是专业摄影师最喜爱的模式，因为在该模式下可以自由调节拍摄参数。

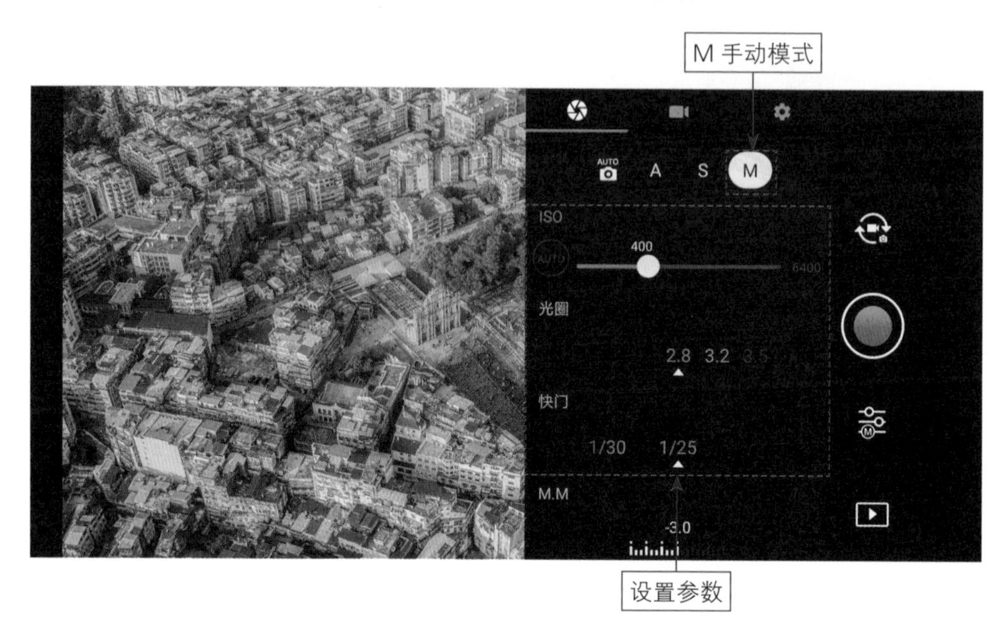

图 2-16 选择手动模式并设置参数

2.4 设置拍摄尺寸、格式和模式

使用无人机航拍之前，需要设置一些基本的参数和选项，如拍摄尺寸、拍摄格式及拍照模式等，只有提前设置好这些参数，才能拍出理想的画面效果。

2.4.1 设置照片的画幅比例

在DJI GO 4 App的调整界面中，照片有两种比例可供选择，一种是16∶9的尺寸，另一种是3∶2的尺寸，用户可根据实际需要选择相应的照片尺寸。具体操作步骤如下。

步骤 01 进入相机调整界面，选择“照片比例”选项，如图2-17所示。

步骤 02 进入“照片比例”界面，在其中可以选择需要拍摄的照片尺寸，包括16∶9和3∶2两个选项，如图2-18所示。

图 2-17　选择“照片比例”选项

图 2-18　选择需要拍摄的照片尺寸

2.4.2　设置视频的拍摄尺寸

使用无人机拍摄短视频之前，也需要先对视频的拍摄尺寸进行设置，使拍摄的视频文件更加符合用户的需求，具体操作步骤如下。

步骤 01 切换至“录像”模式；点击右侧的“调整”按钮，进入相机调整界面；点击“视频”按钮，进入视频界面；选择“视频尺寸”选项，如图2-19所示。

步骤 02 进入“视频尺寸”界面，强烈建议大家选择4K的视频尺寸，因为这种视频尺寸分辨率高、画质佳。御2有两种4K拍摄模式，第一种HQ模式是裁剪模式，使用了感光芯片中间的一部分参与成像，御2的焦距有所增加；第二种是Full FOV模式，使用了全部感光芯片尺寸参与成像。在视频尺寸下还可以选择视频的帧数，如图2-20所示。

图 2-19　选择“视频尺寸”选项

图 2-20　选择视频的帧数

2.4.3 设置照片的存储格式

在DJI GO 4 App的相机调整界面中，可以设置3种照片格式，分别为RAW格式、JPEG格式和JPEG+RAW的双格式，如图2-21所示，根据需要进行选择即可。

图 2-21 可以设置 3 种照片格式

2.4.4 设置视频的存储格式

在拍摄之前先设置好视频的存储格式，为后期处理做准备。具体操作步骤如下。

步骤01 进入相机调整界面；点击"视频"按钮，进入视频界面，选择"视频格式"选项，如图2-22所示。

步骤02 进入"视频格式"设置界面，在其中有两种视频格式可供用户选择，分别为 MOV 格式和 MP4 格式，如图 2-23 所示，用户可根据需要进行选择。

图 2-22 选择"视频格式"选项

图 2-23 选择视频存储格式

2.4.5　设置不同的拍摄模式

使用无人机拍摄照片时，DJI GO 4 App提供了7种照片拍摄模式，即单拍、HDR、纯净夜拍、连拍、AEB连拍、定时拍摄及全景，这7种不同的模式可以满足用户日常拍摄需求。下面介绍设置照片拍摄模式的具体操作方法。

步骤 01 在飞行界面中，点击右侧的“调整”按钮，进入相机调整界面，选择“拍照模式”选项，如图2-24所示。

步骤 02 进入“拍照模式”界面，在其中可以查看用户能够使用的拍照模式，如图2-25所示。单拍是指拍摄单张照片；HDR的全称是High-Dynamic Range，是指高动态范围图像，相比普通的图像，HDR可以保留更多的阴影和高光细节；纯净夜拍可以用来拍摄夜景照片；连拍是指连续拍摄多张照片，这里选择“连拍”选项。

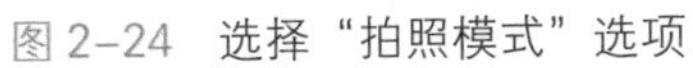
图 2-24　选择“拍照模式”选项

图 2-25　用户可以使用的拍照模式

步骤 03 在“连拍”模式下，包括3张和5张两个选项，可以用来抓拍高速运动的物体，如图2-26所示。

步骤 04 AEB连拍是指包围曝光，包括3张和5张两个选项，相机以0.7的增减连续拍摄多张照片，适用于拍摄静止的大光比场景；定时拍摄是指以所选的间隔时间连续拍摄多张照片，下面有9个不同的时间可供选择，如图2-27所示，适合拍摄延时作品。

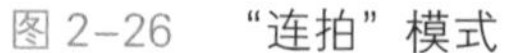
图 2-26　“连拍”模式

图 2-27　定时拍摄的时间间隔

步骤 05　全景模式是一个非常好用的拍摄功能，用户可以拍摄4种不同的全景照片，即球形全景、180°全景、广角全景和竖拍全景，如图2-28所示。

图 2-28　4 种不同的全景照片

图2-29所示为笔者使用球形全景模式拍摄的墨尔本不夜城风光。

图 2-29　使用球形全景模式拍摄的墨尔本不夜城风光

图2-30所示为笔者使用180° 全景模式拍摄的悉尼港口全景风光，上图为港口日出风光，下图为港口夜景风光。

图 2-30　使用 180° 全景模式拍摄的悉尼港口全景风光

第 3 章

取景技巧：经典构图提升画面表现力

3.1 摄影构图的基础与关键

一段好看的视频离不开好的构图，在对焦和曝光都正确的情况下，画面的构图往往会让一段视频脱颖而出。好的构图能让所拍摄的作品成功吸引观众的眼球，与之产生思想上的共鸣。学习使用无人机摄影摄像之前，首先要掌握一定的构图技巧，才能使拍摄的视频画面更加好看。

3.1.1 什么是构图

摄影构图也可称之为“取景”，其含义是：在摄影创作过程中，在有限的或者平面的空间里，借助摄影者的技术和造型手段，合理安排画面上各个元素的位置，将它们结合并有序地组织起来，形成一个具有特定结构的画面。

图3-1所示为笔者在澳大利亚粉湖拍摄的短视频，采用了斜线+对比构图的手法，画面中的公路以斜线的方式从左上方向右下方延伸，具有一定的视觉引导作用；两侧的粉湖因为矿物质不同，展现出了两种不同的颜色，对比十分强烈。

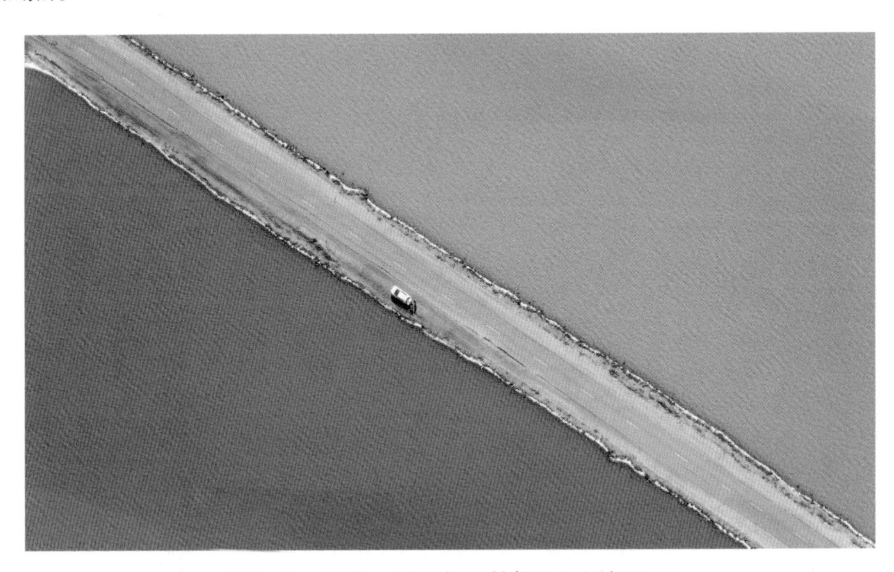

图 3-1　斜线 + 对比构图拍摄的短视频画面

3.1.2 构图的原则

构图的第一个原则就是明确画面主题，告诉观众想要表达什么。构图的好坏将直接影响作品的成功与否，而主题明确是摄影构图的一个基本原则。主题就是中心思想，相当于文章的标题，可以说，构图是画面的灵魂。

明确了主题之后，在具体拍摄时就要考虑拍摄主体了。主体是指所要表现的主题对象，画面主体是反映内容与主题的主要载体，也是画面构图的结构中心。主体就是拍摄的这段视频的第一视觉点。

图3-2所示为笔者拍摄的一段新西兰海边风光短视频，将白色的建筑安排在画面的中心位置，其余空间留给了背景，展示出了一个大环境，这样可以使主体更加突出、明显。

图 3-2　新西兰海边风光短视频

良好的构图可以让视觉要素的主体更突出、更强烈、更完善、更集中、更典型、更理想，从而提升画面的艺术表达效果。通过构图最大限度地体现主体，才是构图的真正目的。

3.1.3　构图的元素

构图的基本元素是点、线、面。一段好看的视频，一定是某点、某线或者某面的完美组合，只要选择好的元素进行组合，就能拍出唯美大片。

1. 点

点，是所有画面的基础。在摄影中，它可以是画面中真实的一个点，也可以是一个面，只要是画面中很小的对象就可以称之为点。在构图时，可以一个点集中突出主体，也可以两个点在画面中形成对比，还可以三个或者三个以上的点构成画面。如图3–3所示，视频画面中的白色游船就是点元素，在蓝色的大海中形成了极美的视觉效果。

图 3–3　点元素构图

2. 线

线，既可以是在画面中真实表现出来的实线，也可以是用视线连接起来的“虚拟的线”，还可以是足够多的点以一定的方向集合在一起产生的线。

图3-4所示为在柴达木盆地航拍的风光短视频，通过不同的线条组成，构成了极强的视觉效果，既可以起到引导视线的作用，同时还能交代画面的环境背景。

图 3-4　线元素构图

3. 面

面，是在点或者线的基础上，通过一定的连接或组合，形成的一种二维或者三维效果。图3-5所示为笔者拍摄的爱情岛，画面中由点、线组合而成的面，心形的岛屿是一个面、湖是一个面。在构图中，要想使主体的存在感更强，要利用面将其衬托出来。

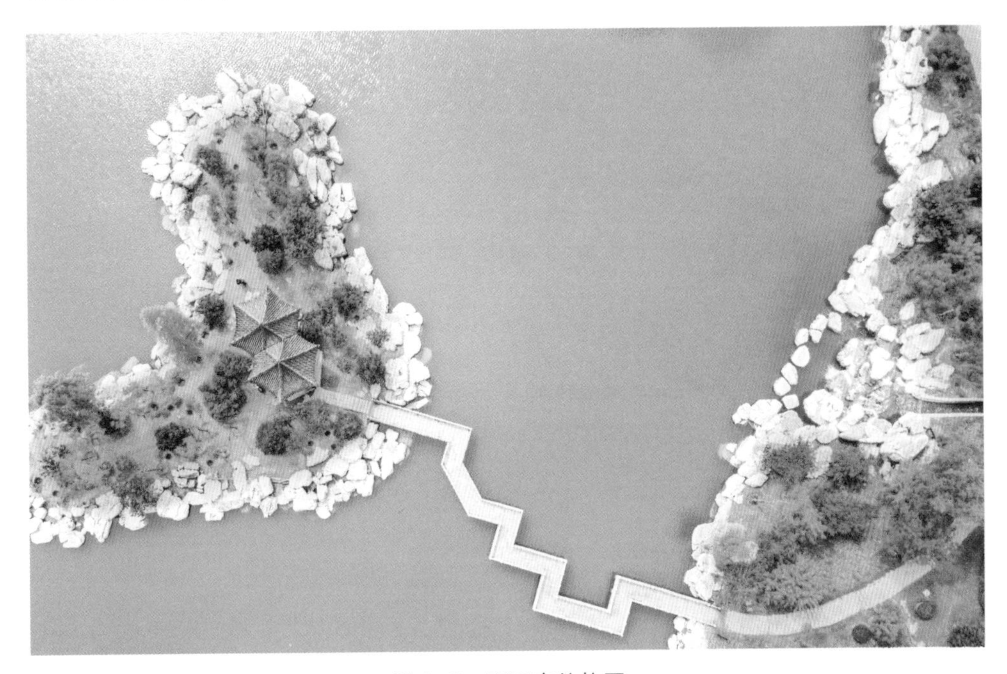

图 3-5　面元素的构图

3.2 选择合适的航拍角度

用无人机拍摄短视频时，用不同的拍摄角度拍摄同一个物体，所得到的画面效果截然不同。不同的拍摄高度将带来不同的感受，选择不同的视点可以将普通的被摄对象以更加新鲜、别致的方式展示出来。

3.2.1 平视航拍手法

平视是指在用无人机拍摄时，平行取景，取景镜头与拍摄物体高度一致，这样可以展现画面的真实细节。图3-6所示为在上海陆家嘴金融中心上空航拍的建筑，平视拍摄的画面可以使建筑的细节表现更加明显，非常具有质感。

图 3-6　平视航拍建筑画面

3.2.2　俯视航拍手法

俯视，简而言之，就是选择一个比主体更高的拍摄位置，主体所在平面与摄影者所在平面形成一个相对大的夹角。俯视航拍时拍摄地点的高度较高，拍摄出来的照片视角大，可以很好地体现画面的透视感、纵深感和层次感，如图3-7所示。

图 3-7　俯视航拍建筑画面

3.3 掌握9种航拍构图取景方式

无人机航拍构图与传统的摄影艺术是一样的，照片所需要的要素都相同，包括主体、陪体和环境等。本节主要介绍航拍中多种常见的构图取景方式，帮助用户拍出优美的风光大片。

3.3.1 前景构图

前景，最简单的解释就是位于视频拍摄主体与镜头之间的景物。前景构图是指利用恰当的前景元素来构图取景，可以使视频画面具有更强的纵深感和层次感，同时也能极大地丰富视频画面的内容，使视频更加鲜活饱满。

因此，在进行视频拍摄时，可以将身边能够充当前景的景物拍摄到视频画面中来。前景构图有两种拍摄思路，下面进行具体讲解。

① 直接将拍摄主体作为前景对象，通过背景环境来烘托主体。图3-8所示为笔者在上海陆家嘴上空航拍的城市建筑风光，直接将上海中心大厦和环球金融中心作为前景对象。

图 3-8　直接将拍摄主体作为前景对象

② 将前景作为陪体，将主体放在中景或者背景位置上，用前景来引导视线，使观众的视线聚焦到主体上。图3-9所示为航拍的一段拉升的视频画面，首先以低角度起飞，由水面上升逐渐向前拉高到城市建筑，前景由水面倒影变化为远处建筑，此时观众的视线会聚集到远处的城市建筑上，使主体更加醒目。

图 3-9　以水面为前景对象

3.3.2　居中构图

在航拍时，如果拍摄主体面积较大，或者极具视觉冲击力，此时可以把拍摄主体放在画面中心位置，采用居中法构图进行拍摄。

图3-10所示为采用居中法拍摄的迪士尼夜景，笔者将拍摄主体置于画面最中间的位置，烟花绽放，汇聚了观众的视线。

图 3–10　采用居中法拍摄的迪士尼夜景

3.3.3　斜线构图

斜线构图是在静止的横线上出现的，具有一种静谧的感觉，同时斜线的纵向延伸可加强画面深远的透视效果。斜线构图的不稳定性可以使画面富有新意，给人以独特的视觉效果。

利用斜线构图可以使画面产生三维空间效果，增强画面立体感，使画面充满动感与活力，且富有韵律感和节奏感。斜线构图是一种基本的构图方式，在拍摄轨道、山脉、植物、沿海等风景时，都可以采用斜线构图的航拍手法。

图3–11所示为以斜线构图航拍的海边风光画面，将沙滩以斜线的方式进行构图，可以体现沙滩的方向感和延伸感，能够吸引观众的目光，具有很强的视线导向性。在航拍摄影中，斜线构图是一种使用频率颇高，也颇为实用的构图方法，希望大家熟练掌握。

还有一种是交叉斜线构图，在航拍立交桥时经常会用到这种构图方式。图3–12所示为笔者航拍的立交桥夜景车流效果，交叉双斜线构图使画面更具有延伸感，夜景车流灯火辉煌，光线美极了。

图 3-11　以斜线构图航拍的海边风光画面

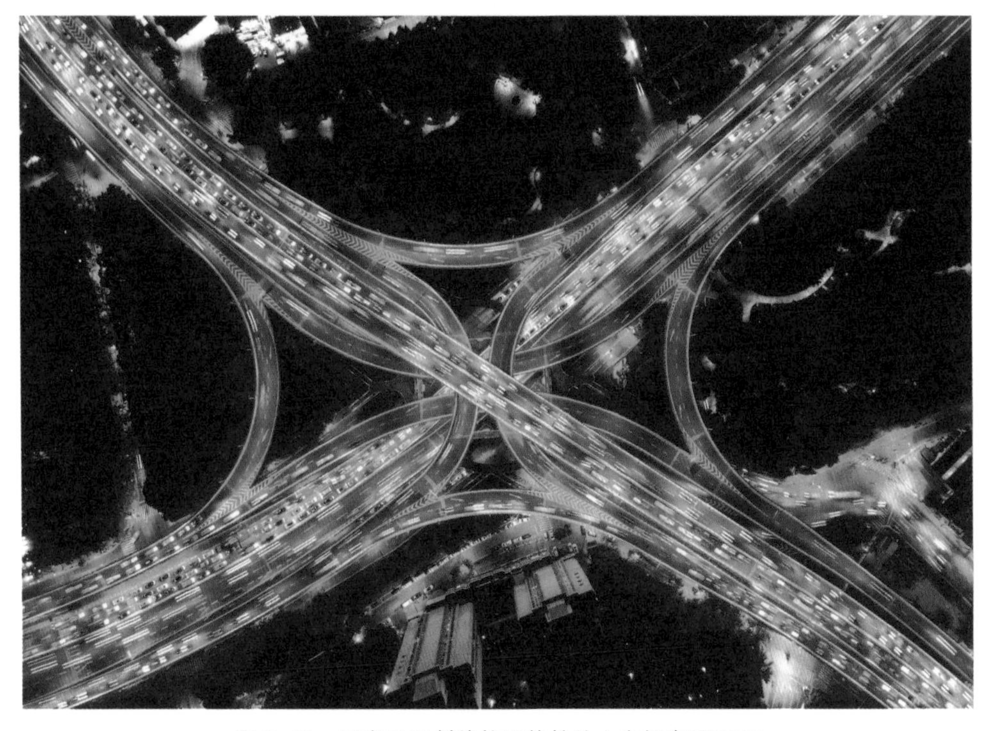

图 3-12　以交叉双斜线构图航拍的立交桥夜景画面

3.3.4　曲线构图

曲线构图是指摄影师抓住拍摄对象的特殊形态特点，在拍摄时采用特殊的拍摄角度和手法，将物体以类似曲线般的造型呈现在画面中。曲线构图的表现手法常用于拍摄风光、道路及江河湖泊的题材。在航拍构图手法中，C形曲线和S形曲线是运用得比较多的。

C形构图是一种曲线型构图手法，拍摄对象类似C形，能够体现出一种女性的柔美感、流畅感、流动感，常用来航拍弯曲的建筑、马路、岛屿及沿海风光等大片，如图3-13所示。

图 3-13　C 形构图的建筑

S形构图是C形构图的强化版，可以表现富有曲线美的景物，如自然界中的河流、小溪、山路、小径、深夜马路上蜿蜒的路灯或者车队等，有一种悠远感或者物体的蔓延感。图3-14所示为笔者航拍的高架桥马路夜景，在路灯的照射下高架桥呈曲线形态，十分夺人眼球。

图 3-14　航拍的高架桥马路夜景

3.3.5　三分线构图

三分线构图，顾名思义，就是将画面从横向或者纵向分为3部分。这是一种非常经典的构图方法，是大师级摄影师偏爱的一种构图方式，将画面一分为三，非常符合人的审美，利用这种构图方式拍摄出来的照片或者视频显得非常美观。常用的三分线构图法有两种，一种是横向三分线构图，另一种是纵向三分线构图，下面进行简单介绍。

1. 横向三分线构图

图3–15所示为在上海陆家嘴上空航拍的一张风光照片。如果将三分线再细分一下，这是一张上三分线的构图画面，天空占了画面的1/3，而繁华的城市建筑风光占了画面的2/3。这样不仅可以使画面中的主体建筑更加突出，而且还体现出了城市的辽阔感，给人一种非常美的视觉效果。

图 3–15　上海陆家嘴上空航拍的一张风光照片

2. 纵向三分线构图

纵向三分线构图航拍手法是指将主体或者辅体放在画面中的左侧或右侧1/3处的位置，从而突出主体。和阅读一样，人们看照片时也是习惯从左往右看，视线经过运动最后会落于画面的右侧，所以将主体置于画面右侧能产生良好的视觉效果。

如图3-16所示，航拍的这段视频画面分别将塔放在了画面的左侧三分线与右侧三分线位置，画面感都非常不错，主体突出。塔的位置不仅汇聚了观众的视线，还展现出了整个辽阔的场景，给人一种春天的舒适感。

图 3-16　将主体对象放在画面三分线位置

★专家提醒★

现在大家回忆曾经看过的照片，凡是在湖边、江边或者海岸边拍摄的照片，特别是利用这些湖面拍摄朝霞和晚霞时，一般水平线用得最多。但为了突破常规，建议大家多使用三分线构图手法，三分线不仅具有平衡感，还更容易突出拍摄主体，对背景进行精简。换而言之，三分线构图更容易紧扣主题、突出主体、简化背景，让照片内容更加详略得当。

3.3.6　水平线构图

水平线构图给人的感觉非常辽阔、平静。水平线构图法就是以一条水平线来进行构图，这种构图需要前期多看、多琢磨，寻找一个好的拍摄地点进行拍摄。对于比较有经验的摄影师，可以很轻松地航拍出理想的风光照片或者视频，这种构图法更加适合拍摄风光大片。

图3–17所示为笔者在火星世界航拍的一段风光短视频，画面中的情侣正在手牵手欣赏着大好美景。这段视频采用了水平线的构图手法，以地平线为水平线，天空与地景各占画面1/2，体现出了火星世界辽阔的风光景色，画面下方起伏的雅丹地貌形态极具视觉美感，天空中的云彩也很有层次感。

图 3–17　以水平线构图航拍的火星世界

水平线构图可以很好地表现出物体的对称性，一般情况下，摄影师在拍摄海景时最常采用水平线构图。

3.3.7 透视构图

近大远小是基本的透视规律，航拍摄影也是如此，并且能起到增强画面立体感的作用，可以带来身临其境的现场感。在航拍镜头中，由于透视的关系，所有的直线平行线都会变成斜线，这样就会让画面非常具有视觉张力，加强纵深感。图3-18所示为笔者在海边航拍的一段风光短视频，道路两侧形成了明显的透视效果，将观众的视线引向了远方，画面极具张力。

图 3-18 以透视构图航拍的海边风光

3.3.8　横幅全景构图

全景构图是一种广角图片，全景图一词最早由爱尔兰画家罗伯特·巴克提出。全景构图的优点，一是画面内容丰富、大而全；二是视觉冲击力很强，极具观赏价值。

现在的全景照片，一是采用无人机本身自带的全景摄影功能直接拍摄，二是运用无人机进行多张单拍，拍摄完成后通过软件进行后期接片。在无人机的拍照模式中，有4种全景模式，即球形、180° 、广角和竖拍，如果要拍摄横幅全景照片，应选择180° 的全景模式。

图3-19所示为笔者在上海陆家嘴上空航拍的城市全景风光照片，整个城市给人一种“魔都”的感觉，画面颜色以冷色调为主，给人一种冷清、威严、庄重之感，天空中的云彩添加了动感模糊特效，使整个画面更加魔幻。

图 3-19　在上海陆家嘴上空航拍的城市全景风光照片

图3-20所示为笔者在大连海湾暮光航拍的全景风光照片，海水的冷色调与夕阳的暖色调形成了强烈的对比效果，天空中的云彩也非常具有层次感，整个画面恢宏、大气。

图 3-20　在大连海湾暮光航拍的全景风光照片

3.3.9 竖幅全景构图

竖幅全景构图的特点是狭长，而且可以裁去横向画面多余的元素，使画面更加整洁，主体突出。竖幅全景能够给观众一种向上下延伸的感受，可以将画面上下部分的各种元素紧密地联系在一起，从而更好地表达画面主题。

图3–21所示为两幅竖幅的全景照片，拍摄的是城市中的特色建筑，建筑是画面中的主体对象，竖幅构图使建筑表现出一种极强的透视感。

图 3–21　竖幅构图的全景建筑照片

★专家提醒★

在无人机的拍照模式中，选择“竖拍”模式，即可一键拍出这种极具美感的竖幅全景照片，能够很好地展现出画面上下的延伸感。

【提高篇】

第 4 章

首次飞行：安全地起飞、暂停与降落

4.1 准备无人机，开始起飞

起飞无人机之前，首先要掌握安全起飞的步骤，比如准备好遥控器和飞行器，校准无人机IMU与指南针的信息等，保证无人机安全的起飞。

4.1.1 展开遥控器，安装摇杆

在飞行无人机之前，首先要准备好遥控器，按照以下顺序进行操作，正确展开遥控器，并连接好手机移动设备。

步骤 01 将遥控器从背包中取出来，如图4–1所示。

步骤 02 以正确的方式展开遥控器的天线，确保两根天线平衡，如图 4–2 所示。

图 4–1 将遥控器从背包中取出来

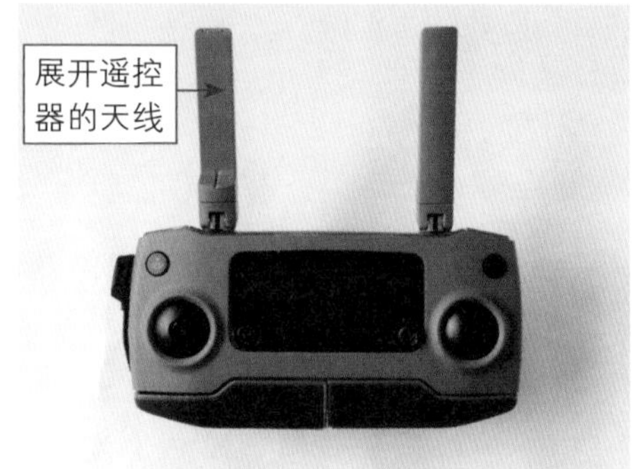

图 4–2 展开遥控器的天线

步骤 03 将遥控器下方的两侧手柄平稳地展开，如图4–3所示。

步骤 04 取出左侧的遥控器操作杆，通过旋转的方式拧紧，如图4–4所示。

图 4–3 平稳地展开两侧手柄

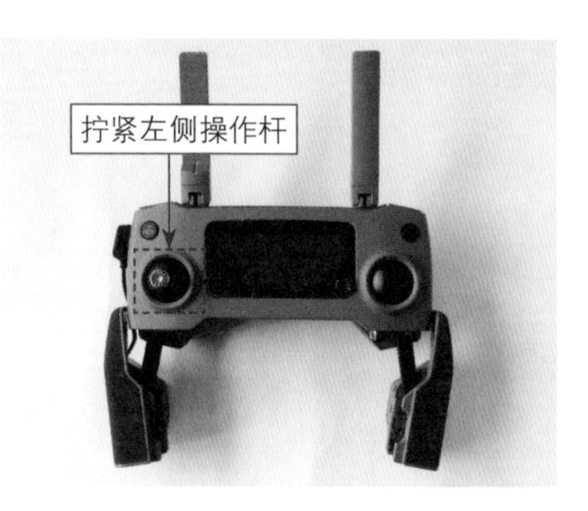

图 4–4 拧紧左侧操作杆

步骤05 取出右侧的遥控器操作杆，通过旋转的方式拧紧，如图4-5所示。

步骤06 接下来开启遥控器，首先短按一次遥控器电源开关，然后长按3秒，松手后即可打开遥控器的电源，此时遥控器开始搜索飞行器，如图4-6所示。

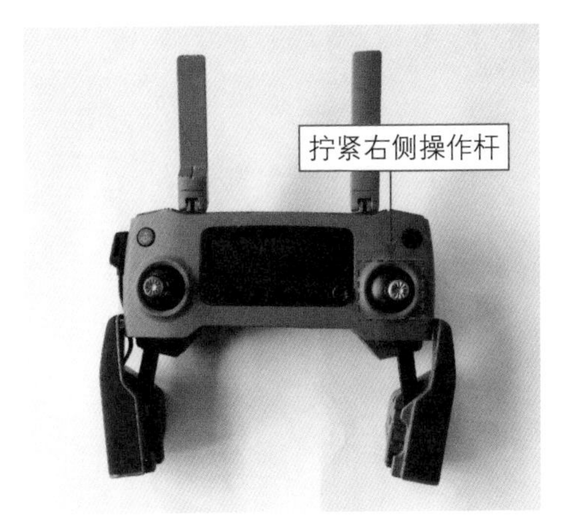

图4-5　拧紧右侧操作杆

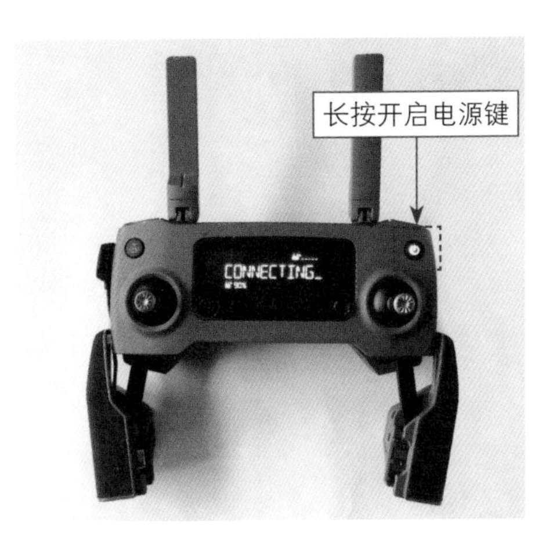

图4-6　开启遥控器电源开关

步骤07 当遥控器搜索到飞行器后，即可显示相应的屏幕状态，如图4-7所示。

步骤08 找出遥控器上连接手机接口的数据线，如图4-8所示。

图4-7　显示相应的屏幕状态

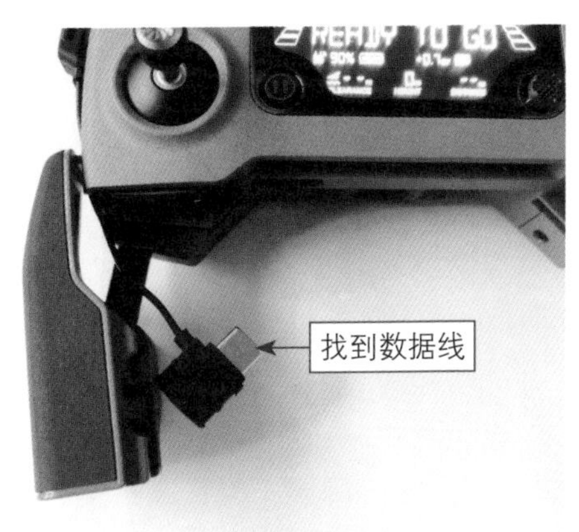

图4-8　找出遥控器上的数据线

步骤09 将数据线的接口接入手机接口中，进行正确连接，如图4-9所示。

步骤10 将手机卡入两侧手柄的插槽中，卡紧稳固，如图4-10所示，即可准备好遥控器。

图 4-9　将数据线的接口接入手机接口中

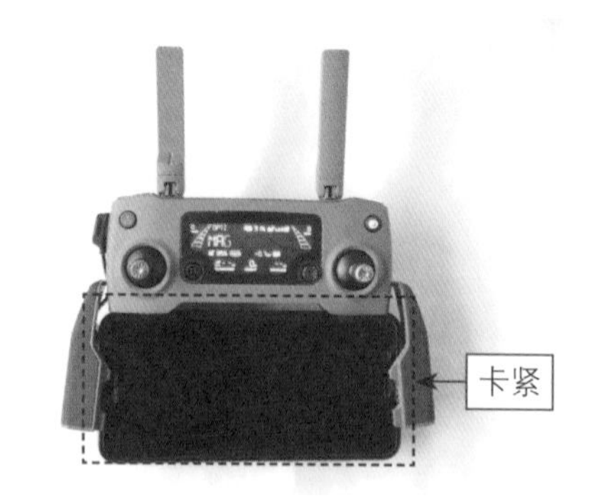

图 4-10　将手机卡入两侧手柄的插槽中

★专家提醒★

如果是全新的飞行器，当用户首次使用 DJI GO 4 App 时，需要激活才能使用，激活时请用户确保手机移动设备已经接入因特网。

4.1.2　展开飞行器，安装螺旋桨

准备好遥控器后，接下来需要准备好飞行器，按照以下顺序展开飞行器的机臂，并安装好螺旋桨和电池，具体操作步骤和流程如下。

步骤01 将飞行器从背包中取出来，平整地摆放在地上，如图4-11所示。

图 4-11　将飞行器平整地摆放在地上

步骤02 将云台相机的保护罩取下来，底端有一个小卡口，轻轻往里按一下，保护罩就会被取下来，如图4-12所示。

图 4–12　将云台相机的保护罩取下来

步骤03 首先将无人机的前机臂展开，如图4–13所示，图中注明了前机臂的展开方向，往外展开前机臂时，动作一定要轻，太过用力可能会掰断无人机的前机臂。

步骤04 采用同样的方法，将无人机的另一只前机臂也展开，如图4–14所示。

图 4–13　展开无人机的前机臂

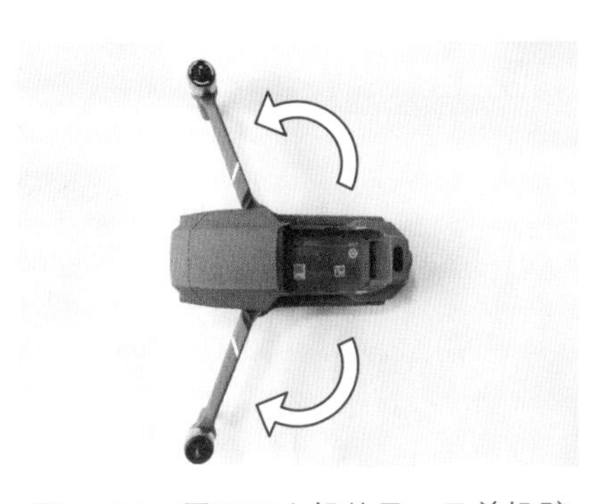

图 4–14　展开无人机的另一只前机臂

步骤05 通过往下旋转展开的方式，展开无人机的后机臂，如图4–15所示。

步骤06 安装好无人机的电池，两边有卡口按钮，按下去并按紧，如图4–16所示。

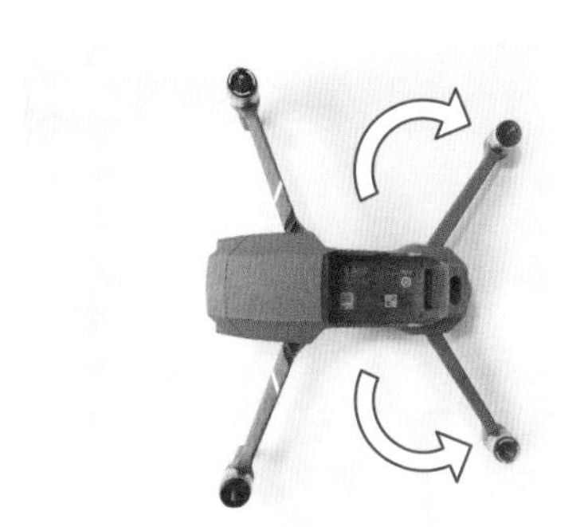

图 4–15　展开无人机的后机臂

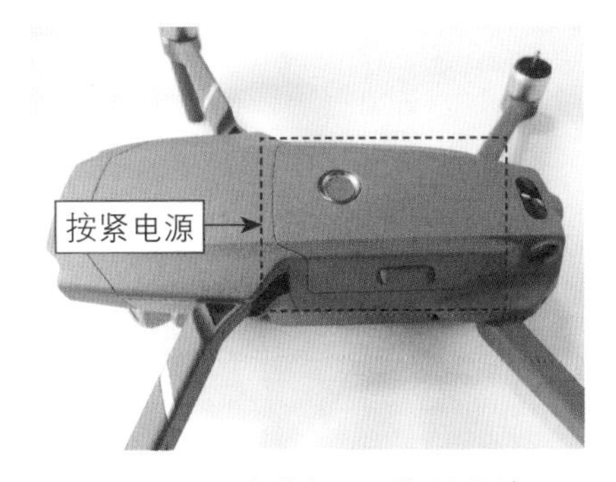

图 4–16　安装好无人机的电池

步骤07 展开无人机的前机臂和后机臂，并安装好电池后，整体效果如图4–17所示。

步骤08 接下来安装螺旋桨，将桨叶安装卡口对准插槽位置，如图4–18所示。

图 4–17　无人机整体效果

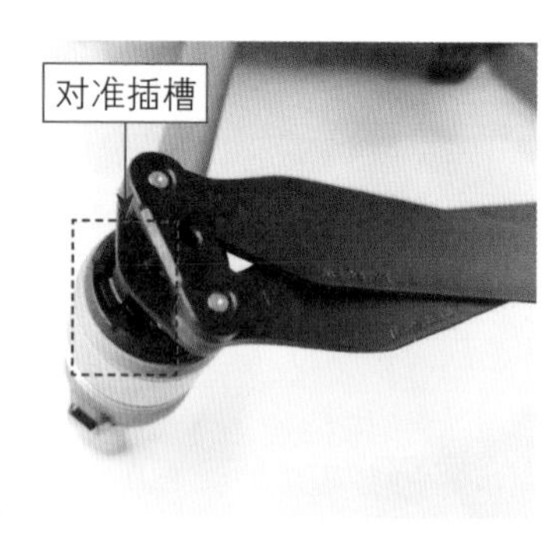

图 4–18　将桨叶安装卡口对准插槽

步骤09 轻轻按下去，并旋转拧紧螺旋桨，如图4–19所示。

步骤10 采用同样的方法，旋转拧紧其他螺旋桨，整体效果如图4–20所示。

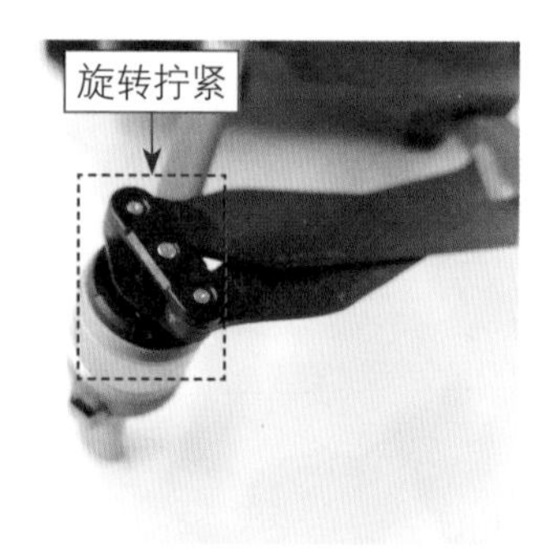

图 4–19　旋转拧紧螺旋桨

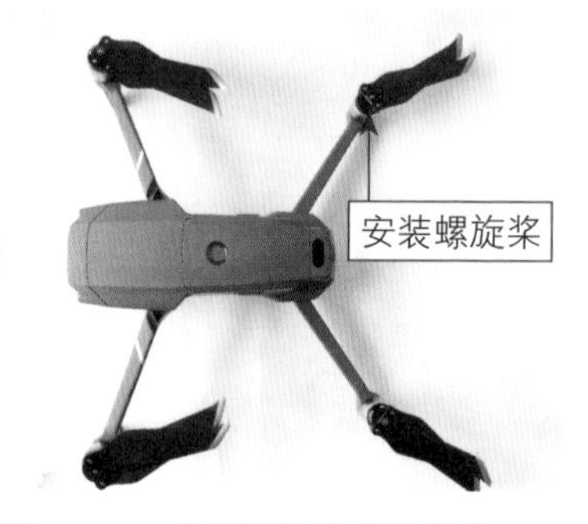

图 4–20　旋转拧紧其他螺旋桨

步骤11 首先短按电池上的电源开关键，然后长按3秒，再松手，即可开启无人机的电源，如图4–21所示。此时指示灯上亮了4格电，表示无人机的电池处于充满电状态。

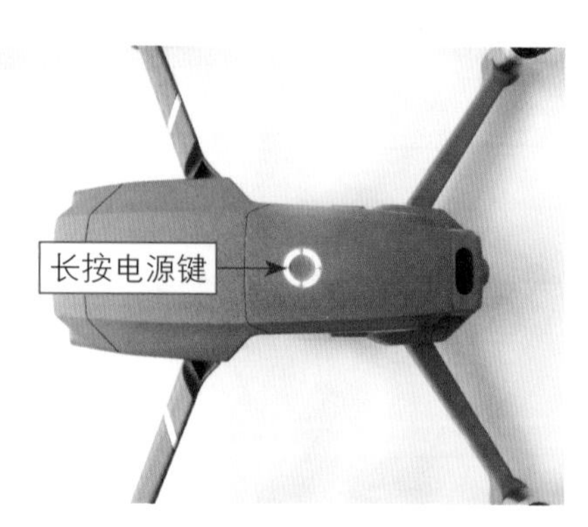

图 4–21　开启无人机的电源

★专家提醒★

在无人机上，短按一次电源开关键，可以看到电池还剩下几格电量。当用户需要关闭无人机时，依然是先短按一次电源开关键，再长按 3 秒，松手后即可关闭无人机。

4.1.3　校准指南针是否正常

每次飞行无人机时，都要先校准IMU和指南针，确保罗盘正确是非常重要的一步。尤其是每当去一个新的地方开始飞行时，一定要记得先校准指南针，然后再开始飞行，这样有助于无人机在空中的飞行安全。下面介绍校准IMU和指南针的具体操作方法。

步骤 01 当开启遥控器，打开DJI GO 4 App，进入飞行界面后，如果IMU惯性测量单元和指南针没有正确运行，此时系统在状态栏中会有相关提示信息，如图4–22所示。

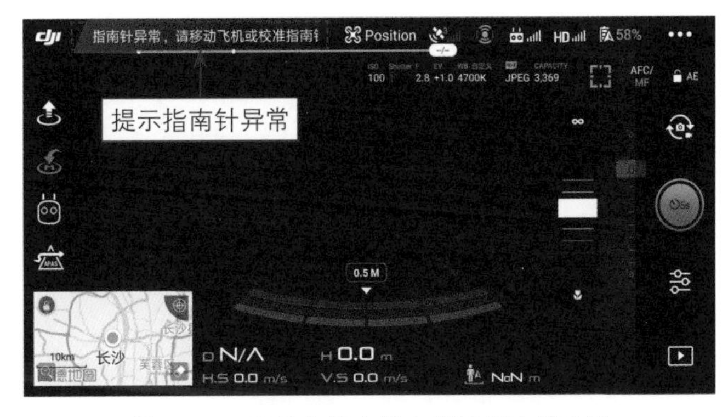

图 4–22　系统在状态栏中提示指南针异常

步骤 02 点击状态栏中的“指南针异常……”提示信息，进入“飞行器状态列表”界面，如图4–23所示，其中“模块自检”显示为“固件版本已是最新”，表示固件无须升级，但是下方的指南针异常，系统提示飞行器周围可能有钢铁、磁铁等物质，请用户带着无人机远离这些有干扰的环境，然后点击右侧的“校准”按钮。

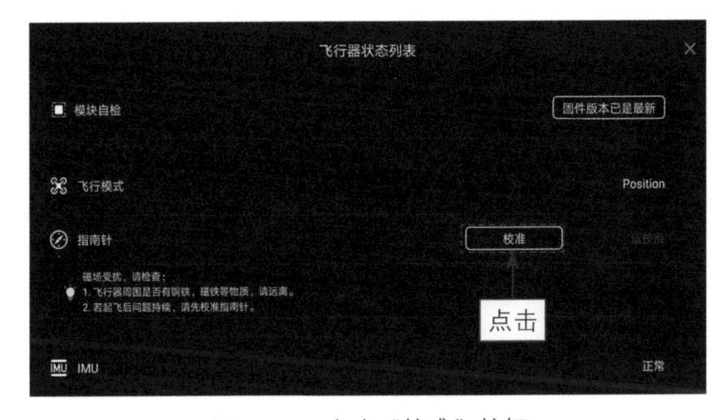

图 4–23　点击“校准”按钮

步骤03 弹出信息提示框，点击“确定”按钮，如图4-24所示。

图 4-24　点击“确定”按钮

步骤04 进入校准指南针模式，按照界面提示水平旋转飞行器360°，如图4-25所示。

图 4-25　水平旋转飞行器 360°

步骤05 水平旋转完成后，界面中继续提示用户竖直旋转飞行器360°，如图4-26所示。

图 4-26　竖直旋转飞行器 360°

步骤 06　当用户根据界面提示进行正确操作后，手机屏幕上将弹出提示信息框，提示用户指南针校准成功，点击“确认”按钮，如图4-27所示。

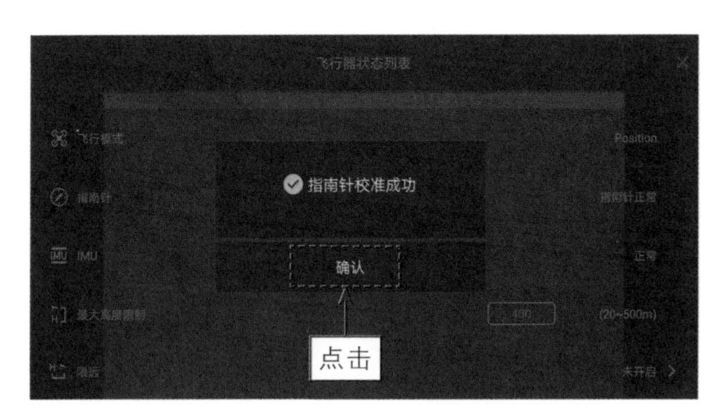

图 4-27　点击“确认”按钮

步骤 07　即可完成指南针的校准操作，返回“飞行器状态列表”界面，此时“指南针”选项右侧将显示“指南针正常”的提示信息，下方的IMU右侧也显示为“正常”，如图4-28所示。

图 4-28　完成指南针的校准操作

4.1.4　查看SD卡是否已放入无人机中

外出拍摄前，一定要检查无人机中的SD卡是否有足够的存储空间，或者检查无人机中是否有SD卡。如果用户将无人机中的SD卡取出来了，飞行界面上方会提示“SD卡未插入”信息，提示用户无人机中没有SD卡。

检查SD卡是非常重要的一项操作，以免到达拍摄地点后，看到那么多美景却拍不下来。如果再跑回家将SD卡的容量腾出来，然后再出来拍摄，一是最佳拍摄时间已经过去了，二是来回跑确实辛苦、折腾，三是拍摄的热情和激情也过去了，结果往往没有心情再拍出理想的片子。因此，在拍摄之前，一定要检查SD卡是否已放入无人机中。

4.1.5　提前给设备充电，检查电量

出门航拍之前，一定要提前检查飞行器的电池、遥控器的电池，以及手机是否充满电，以免到了拍摄地点后，到处找充电的地方，非常麻烦。而且，飞行器的电池弥足珍贵，一块满格的电池也只能飞行30分钟左右，如果飞行器只有一半的电量，还要预留25%的电量返航，几乎没有什么电量去维持高空航拍。

当发现一个很美的景点可以航拍，然后驱车几个小时到达，却发现忘记给无人机充电了，是一件非常痛苦的事。建议有车一族买个车载充电器，这样即使电池用完了，也可以在车上边开车边充电，及时解决充电的问题和烦恼。大疆原装的车载充电器大概300多元，普通品牌的车载充电器只需几十元，非常划算。

如果所使用的手机是安卓系统，当遥控器与手机进行连接时，遥控器会自动给手机进行充电，如果手机不是满格电，这时遥控器的电量就会消耗得比较快，因为它一边要给手机充电，与手机进行图传信息的接收和发送，一边还要指点飞行器进行飞行。如果遥控器没电了，无人机在空中就比较危险了。所以，建议用户飞行无人机之前，将手机的电也充满。

4.2　起飞与降落的关键操作

无人机在起飞与降落的过程中最容易发生事故，因此需要熟练掌握无人机的起飞与降落操作，主要包括手动起飞降落与自动起飞降落等。

4.2.1　手动起飞的方法

准备好遥控器与飞行器后，接下来开始学习如何手动起飞无人机，具体操作步骤如下。

步骤01 在手机中打开DJI GO 4 App，进入启动界面，如图4-29所示。

步骤02 稍等片刻，进入DJI GO 4 App主界面，左下角提示设备已经连接，点击右侧的“开始飞行”按钮，如图4-30所示。

步骤03 进入DJI GO 4飞行界面，当用户校正好指南针后，状态栏中将提示“起飞准备完毕（GPS）”信息，表示飞行器已经准备好，用户随时可以起飞，如图4-31所示。

图 4-29　进入 App 启动界面

图 4-30　点击“开始飞行”按钮

图 4-31　提示“起飞准备完毕（GPS）”信息

步骤 04 接下来，通过拨动操作杆的方向来启动电机，可以将两个操作杆同时往内摇杆，或者同时往外摇杆，如图4-32所示，即可启动电机，此时螺旋桨启动，开始旋转。

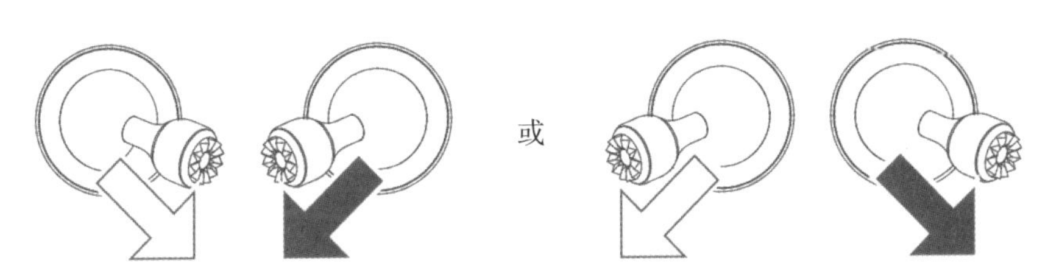

图 4-32　将两个操作杆同时往内摇杆或者同时往外摇杆

步骤 05 接下来开始起飞无人机，将左摇杆缓慢向上推动油门，如图4-33所示，飞行器即可起飞，慢慢上升。停止向上推动油门，飞行器将在空中悬停。这样，就表示已正确安全地起飞无人机了。

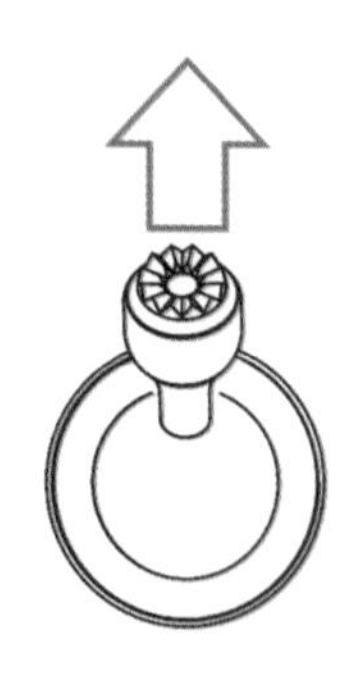

图 4-33　将左摇杆缓慢向上推动油门

4.2.2　手动降落的方法

飞行完毕后，需要开始下降无人机时，可以将左摇杆缓慢向下推，如图4-34所示，无人机即可缓慢降落。

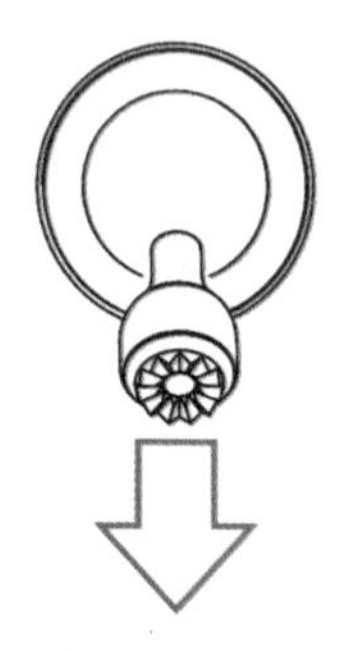

图 4-34　将左摇杆缓慢向下推

当无人机降落至地面后，可以通过两种方法停止电机的运转，一种是将左摇杆推到最低的位置，并保持3秒后，电机停止；另一种是执行掰杆动作，将两个操作杆同时往内摇杆，或者同时往外摇杆，如图4-35所示，即可停止电机。

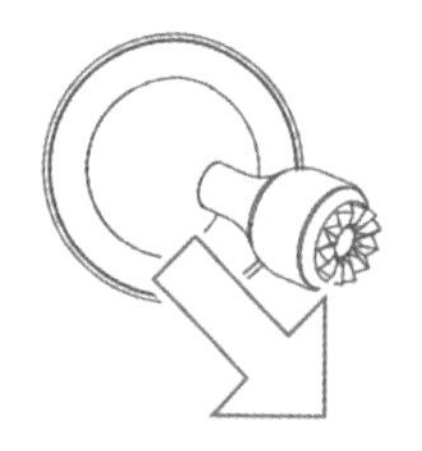

或

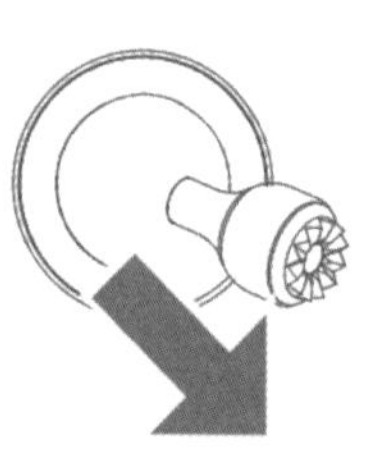

图 4-35　将两个操作杆同时往内摇杆或者同时往外摇杆

★专家提醒★

在下降过程中，一定要盯紧无人机，并将无人机降落在一片平整、干净的区域，下降的地方不能有人群、树木及杂物等，特别要防止小孩靠近。在遥控器摇杆的操作上，启动电机和停止电机的操作方式是一样的。

4.2.3　自动起飞的方法

使用“自动起飞”功能可以帮助用户一键起飞无人机，既方便又快捷。下面介绍自动起飞无人机的具体操作方法。

步骤01 将飞行器放在水平地面上，依次开启遥控器与飞行器的电源，当左上角状态栏显示“起飞准备完毕（GPS）”信息后，点击左侧的“自动起飞”按钮，如图4–36所示。

图 4–36　点击“自动起飞”按钮

步骤02 执行操作后，弹出提示信息框，提示用户是否确认自动起飞，根据提示向右滑动起飞，如图4–37所示。

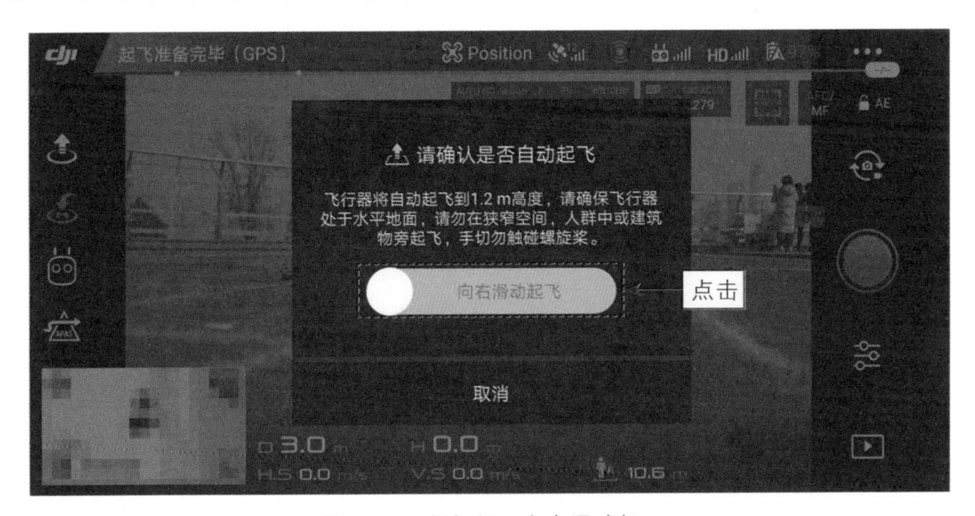

图 4–37　根据提示向右滑动起飞

步骤03 此时，无人机即可自动起飞。当无人机上升到1.2m的高度后，将自动停止上升，需要用户轻轻地向上拨动左摇杆，继续将无人机向上升，状态栏显示“飞行中（GPS）”提示信息，表示飞行状态安全，如图4–38所示。

图 4-38　继续将无人机向上升

4.2.4　自动降落的方法

使用“自动降落”功能可以自动降落无人机，在操作上也更加便捷，但在降落过程中要确保地面无任何障碍物，因为使用自动降落功能后，无人机的避障功能会自动关闭，无法自动识别障碍物。下面介绍自动降落无人机的具体操作方法。

步骤 01 当用户需要降落无人机时，点击左侧的“自动降落”按钮，如图4–39所示。

图 4-39　点击“自动降落”按钮

步骤 02 执行操作后，弹出提示信息框，提示用户是否确认自动降落操作，点击“确认”按钮，如图4–40所示。

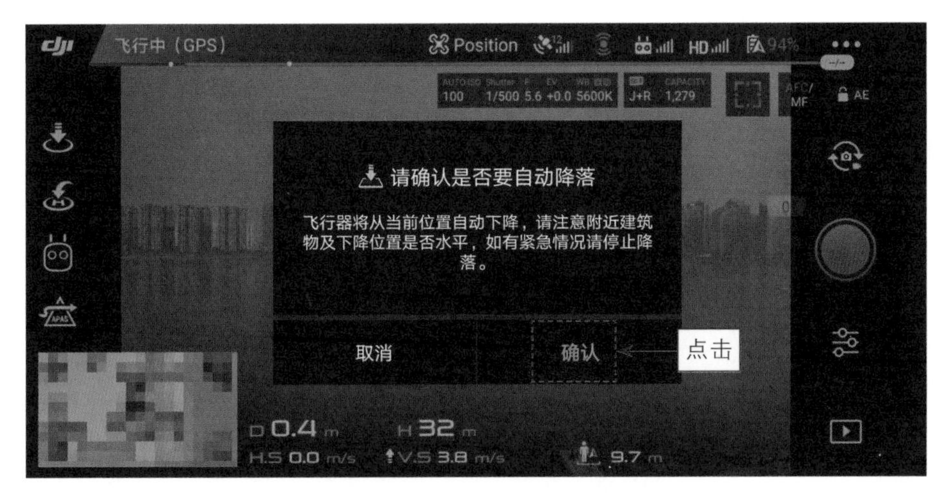

图 4-40　点击“确认”按钮

步骤 03 此时，无人机将自动降落，页面中提示“飞行器正在降落，视觉避障功能关闭”提示信息，如图4-41所示，用户要保证无人机下降的区域内没有任何遮挡物或者人。当无人机下降到水平地面后，即可完成自动降落操作。

图 4-41　无人机自动降落

4.2.5　一键返航的方法

当无人机飞得比较远时，可以使用“自动返航”模式让无人机自动返航。这样操作的好处是比较方便，不用重复地拨动左右摇杆；缺点是需要先更新返航地点，然后再使用“自动返航”功能，以免无人机飞到其他地方去了。

下面介绍使用“自动返航”功能的具体操作方法。

步骤 01 在飞行界面中，点击左侧的“自动返航”按钮，如图4–42所示。

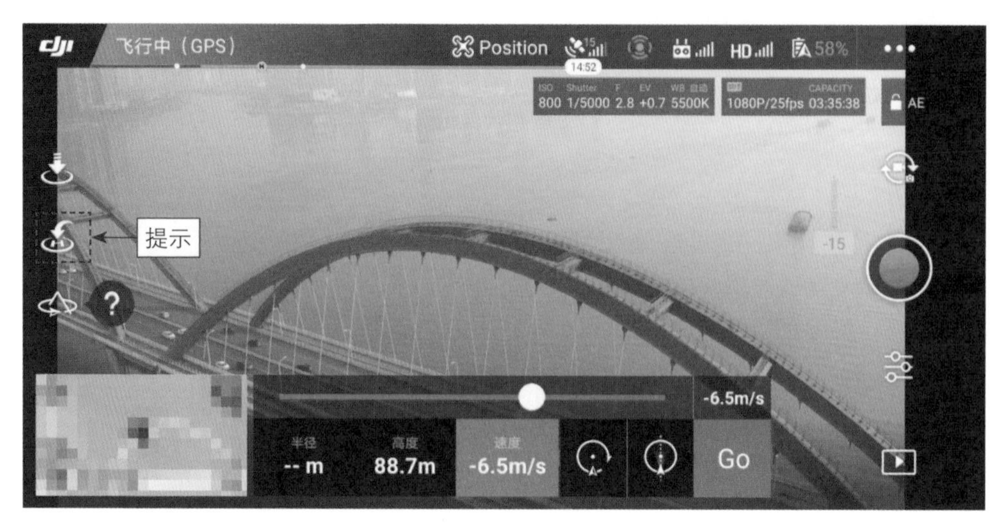

图 4–42 点击“自动返航”按钮

步骤 02 执行操作后，弹出提示信息框，提示用户是否确认返航操作，根据界面提示向右滑动返航，如图4–43所示。

图 4–43 根据界面提示向右滑动返航

步骤 03 执行操作后，界面左上角显示相应的提示信息，提示用户正在自动返航，如图4–44所示。稍等片刻，即可完成无人机的自动返航操作。

图 4-44　提示用户正在自动返航

4.2.6　紧急停机的方法

在飞行过程中，如果空中突然出现了意外情况，需要紧急停机，此时用户可以按下遥控器上的“急停”按钮，如图4-45所示。按下该按钮后，无人机将立马悬停在空中不动，等待飞行环境安全后，用户再继续飞行操作。

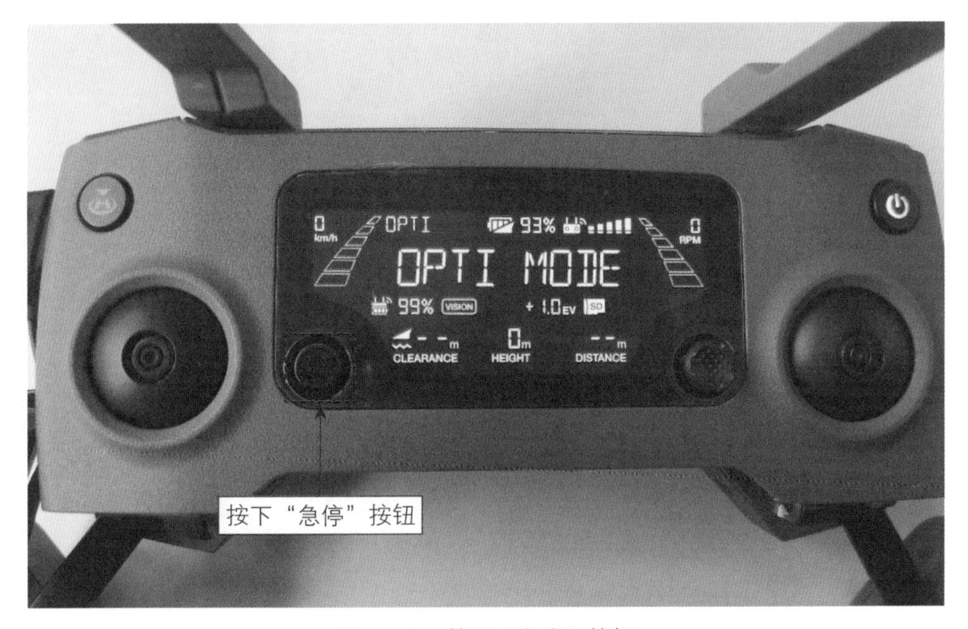

图 4-45　按下“急停”按钮

第 5 章

基础练习：14 组新手专练的飞行动作

5.1 8组适合新手的飞行动作

在空中进行复杂的航拍工作之前，首先要学会一些基本的入门级飞行动作，因为复杂的飞行动作也是由一个个简单的飞行动作所组成的，当用户熟练掌握了这些简单的飞行动作后，熟能生巧，就可以在空中自由掌控无人机的飞行了。

5.1.1 拉升镜头，向上飞行

拉升镜头是无人机航拍中最为常规的镜头，无人机起飞的第一件事就是向上飞行，起飞后即可开始拍摄拉升镜头。拉升镜头是视野从低空升至高空的一个过程，直接展示了航拍的高度魅力。拍摄建筑时，可以从下往上拍摄，全面展示建筑的全貌，如图5-1所示，这样的拉升镜头极具魅力。

图 5-1　拉升镜头

飞行方法：只需将左摇杆缓慢向上推动即可，无人机将慢慢上升，拍出整个建筑的全貌。详细的起飞操作，用户可以参考第4章的4.2.1节知识点。在上升过程中，要注意查看无人机的上空是否有树叶遮挡，如果有障碍物的话，要及时规避，选择一个空旷的地方飞行。

5.1.2 下降镜头，向下飞行

下降镜头适合从大景别切换到小景别，从全景切换到局部细节展示。图5-2所示为笔者使用向下镜头航拍的青海金子海风光短视频，无人机一直下降，焦点最终落在沙漠的沙丘上。

图 5-2 下降镜头

飞行方法：只需将左摇杆缓慢往下推动，无人机即可慢慢下降。

5.1.3　向前镜头，往前飞行

向前镜头是指无人机一直向前飞行运动，这是航拍中最常用的镜头，主要用于表现前景。向前镜头有两种航拍手法，一种是无目标地往前飞行，主要用来交代影片的环境，如图5-3所示；另一种是对准目标向前飞行，此时目标由小变大，直至在观众面前展示所拍摄的目标对象。

图 5-3　无目标地向前飞行

飞行方法：只需将右侧的摇杆缓慢往上推，无人机即可向前飞行。

5.1.4 后退镜头，倒退飞行

后退镜头俗称倒飞，是指无人机向后运动。后退镜头实际上是非常危险的一种运动镜头，因为有些无人机没有后视避障功能，或者在夜晚飞行时，后视避障功能处于失效状态，此时进行后退飞行就十分危险，因为并不清楚无人机身后是什么情况。

后退镜头最大的优势是，在后退的过程中不断有新的前景出现，从无到有，会带给观众一种期待，增加了镜头的趣味性，如图5–4所示。

图 5–4 后退镜头

飞行方法：只需将右摇杆缓慢往下推，无人机即可向后倒退飞行。

5.1.5　左移镜头，向左飞行

向左飞行是一种左移镜头，是指从目标的右侧飞向左侧，从右向左显示目标的细节。图5-5所示为以中景的方式从右向左飞行，展现了新西兰瓦纳卡的火烧云日出和湖面的景象。

图 5-5　左移镜头

飞行方法：首先将无人机飞至主体对象的正面，然后用右手向左拨动右摇杆，使无人机向左侧直线飞行。

5.1.6 右移镜头，向右飞行

向右飞行是一种右移镜头，与向左飞行的方向刚好相反。在航拍跨江大桥时，如果桥的形态很美，也可以采用侧飞镜头的手法进行拍摄，以中景的方式展现出来，如同画卷一般把桥的整个形态展现在观众眼前，使大桥显得更加宏伟、大气，如图5-6所示。

图 5-6 右移镜头

飞行方法：首先将无人机飞至主体对象的某一侧上空，然后用右手向右拨动右摇杆，使无人机向右侧直线飞行。

5.1.7 俯仰镜头，向上运动

俯仰镜头是指镜头向上或者向下运动，俯仰镜头很少单独使用，一般会结合其他镜头组合拍摄。一般情况下，运用得最多的就是镜头向上运动，先从低角度的俯视或者斜视开始，镜头慢慢抬起，展示出所要表达的环境，如图5-7所示。

图 5-7 镜头向上运动

飞行方法：在航拍俯仰镜头时，只需用左手食指拨动遥控器背面的"云台俯仰"拨轮，即可将镜头慢慢抬起，操作十分简单。

5.1.8 俯视悬停，镜头朝下

俯视航拍中最简单的一种就是俯视悬停镜头，俯视悬停是指将无人机停在固定的位置上，云台相机朝下90° 。这种镜头常被用来拍摄移动的目标，如马路上的车流、水中的游船及游泳的人等，让底下的拍摄目标从画面一处进去，然后从一处出去，拍摄的视频效果如图5-8所示。

图 5-8 俯视悬停镜头

俯视是真正的航拍视角，因为它完全90° 朝下，位于拍摄目标的正上方，很多人都把这种航拍镜头称为上帝的视角。俯视完全不同于其他镜头语言，因为它视角特殊，相信大家第一次看到俯视镜头拍摄的画面时都会惊叹一声，被空中俯视的特殊景致所吸引。

飞行方法：在航拍俯视镜头时，只需将无人机上升到一定的高度，然后拨动“云台俯仰”拨轮，实时调节云台的俯仰角度到垂直90° ，固定不动，即可开始拍摄。

5.2　6组常用的飞行动作

在上一节中，进行了8组简单飞行动作的训练，掌握了这些基本的飞行技巧后，接下来需要提升自己的航拍技术，学习一些更高级的航拍镜头语言，如原地转圈飞行、360° 环绕飞行、后退拉高飞行及拉升旋转飞行等，帮助用户拍出更具吸引力的视频画面。

5.2.1　原地转圈飞行

原地转圈又称为360° 旋转，可以进行360° 原地旋转，观察哪个方向的景色更美，再往相应的地点飞行，也可以对高空进行360° 拍摄，如图5-9所示。

图 5-9　原地转圈飞行

飞行方法：将左摇杆缓慢往左推，无人机即可向左进行原地转圈；将左摇杆缓慢往右推，无人机即可向右进行原地转圈。

5.2.2 360° 环绕飞行

360° 环绕飞行是指绕着目标进行圆周运动。环绕镜头俗称“刷锅”，相对来说是一个拥有高技术、高难度的飞行镜头。图5-10所示为笔者拍摄的一段360° 环绕镜头，将无人机对准新西兰纽盖特灯塔进行环绕飞行，将纽盖特灯塔周围的环境展现得淋漓尽致。

图 5-10 360° 环绕飞行

这段航拍视频的飞行方法如下。

❶将无人机上升到一定高度，将相机镜头对准纽盖特灯塔。

❷向右拨动右摇杆，无人机将向右侧飞行，推杆的幅度要小一点，舵量给小一点。

❸同时，左手向左拨动左摇杆，使无人机向左进行旋转，也就是摇杆的同时向外打杆。

❹当侧飞的偏移和旋转的偏移达到平衡后，可以锁定目标，使其一直位于画面中间。

5.2.3　后退拉高飞行

后退最常见的镜头就是在后退时可以拉高飞行，从而展现出目标所在的一个大环境。图5-11所示就是以后退拉高的手法拍摄的人物与汽车短视频，展现了当时拍摄的大环境。

图 5-11　后退拉高飞行

这段航拍视频的飞行方法如下。

❶将右摇杆缓慢往下推动，无人机将慢慢后退，呈现出后退的镜头。

❷在后退的同时，将左摇杆缓慢往上推动，无人机将慢慢上升，呈现出后退拉高的镜头。

5.2.4 拉升旋转飞行

拉升旋转飞行是指在拉升的同时旋转无人机，这样可以展现出拍摄主体周围的环境，使短视频画面的内容更加丰富，如图5–12所示。

图 5–12　拉升旋转飞行

这段航拍视频的飞行方法如下。

❶将左摇杆缓慢向上推动，无人机将慢慢上升。

❷同时将左摇杆向右推一点，使无人机向右进行旋转，然后向左拨动右摇杆，无人机将向左侧飞行，也就是摇杆的同时向内打杆。此时，无人机即可进行拉升旋转飞行。

5.2.5　前进旋转飞行

前进旋转飞行是指在前进的同时旋转无人机，无人机的飞行高度不变，只是与拍摄主体之间的距离越来越近了，拍摄角度也发生了变化，如图5–13所示。

图 5–13　前进旋转飞行

这段航拍视频的飞行方法如下。

❶将右摇杆缓慢往上推，无人机即可向前飞行。

❷同时将右摇杆向左推一点，无人机将向左前方飞行，同时将左摇杆向右推一点，使无人机向右进行旋转，围绕灯塔建筑进行旋转拍摄。

5.2.6 穿越向前飞行

穿越向前飞行是指无人机穿越某栋建筑，拍摄出建筑后面的风景，如图5-14所示。这种航拍画面能给人极强的视觉冲击力，画面具有新鲜感。但飞行手法有一定的难度，主要在于不好把控无人机与两侧建筑的距离，如果新手没有一定飞行经验的话，无人机容易撞墙。

图 5-14 穿越向前飞行

飞行方法：只需将右侧的摇杆缓慢往上推，无人机即可向前飞行。在穿越两侧建筑时需要注意，把握好无人机与建筑之间的距离，避免发生意外情况。

第 6 章 能力提升：8 组空中摄像的航拍镜头

6.1 4组空中摄像的常见镜头

航拍一段视频素材之前，首先需要规划好航拍路线，无人机应该如何飞行，镜头应该如何取景，怎样才能拍出具有吸引力的视频场景，这些都是需要提前考虑的问题。本节主要讲解4组空中摄像的常见镜头，提升大家的航拍水平。

6.1.1 斜角俯视向前的镜头

斜角俯视向前的航线是指将无人机上升至高空后，调整相机镜头的角度，以斜角俯视的方式进行拍摄，然后一直向前飞行，如图6–1所示。

图 6–1 斜角俯视向前的镜头

这段航拍视频的飞行方法如下。

❶拨动“云台俯仰”拨轮，实时调节云台的俯仰角度，以斜角俯视下方。

❷将右摇杆缓慢往上推，无人机即可斜角俯视向前飞行。

6.1.2　一直向前逐渐拉高的镜头

一直向前逐渐拉高的航线是指无人机首先以较低的高度向前飞行，在接近拍摄主体时逐渐向上飞行，从物体上方飞过，如图6–2所示。

图 6–2　一直向前逐渐拉高的镜头

这段航拍视频的飞行方法如下。

❶将右摇杆缓慢往上推，无人机即可向前飞行。

❷同时将左摇杆缓慢向上推，无人机即可慢慢上升。同时，可以适当调整云台的俯视角度。

6.1.3　云台朝下冲天飞行的镜头

冲天飞行是指无人机垂直向上飞行，这样飞行的优点是可以营造出画面的大场景氛围，拍摄对象在画面中越来越渺小，与周围的环境形成强烈的对比效果。

冲天飞行的操控方式与上升的操控方式相同，只是相机云台镜头垂直90°朝下，左手往上推摇杆，逐渐拉高机身，使无人机冲天飞行，如图6-3所示。

图 6-3　云台镜头垂直 90°朝下拉高机身

这段航拍视频的飞行方法如下。

❶拨动“云台俯仰”拨轮，实时调节云台的俯仰角度到垂直90°，朝下俯拍。

❷将左摇杆缓慢向上推，无人机即可慢慢上升。

6.1.4　飞越主体再回转的镜头

飞越是一种高级的航拍技巧，无人机朝目标主体飞去，以目标主体为中心，不停地降低相机的角度，最后变为俯视飞过目标。因为相机不停地变化角度，画面充满了未知的力量，航拍镜头十分有活力。如果能够做到飞越后再回转镜头，难度将更大，当然画面也更具吸引力。图6–4所示为飞向建筑主体后俯视飞过的画面效果。

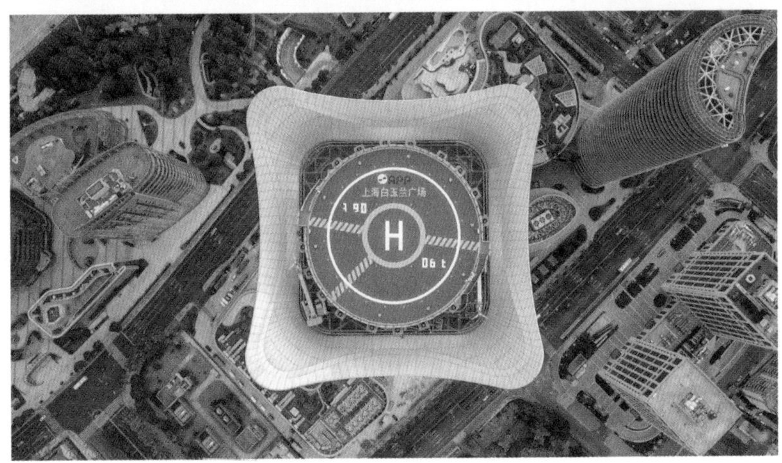

图 6–4　飞向建筑主体后俯视飞过的画面效果

这段航拍视频的飞行方法如下。

❶ 将右摇杆缓慢往上推，无人机即可向前飞行。

❷ 左手同时向内侧拨动“云台俯仰”拨轮，使云台缓慢朝下，摄像头始终对准目标。

❸ 当无人机飞到目标正上方时，此时云台呈垂直 90° 俯视飞过目标。然后将左摇杆缓慢往左推，无人机向左进行旋转，当旋转到 180° 时，停止拨杆。

❹ 左手向外侧拨动“云台俯仰”拨轮，使云台缓慢朝上抬起，摄像头始终对准目标，同时将右摇杆缓慢往下推，无人机即可向后倒退飞行。

★专家提醒★

这段航拍视频的飞行手法比较复杂，大家可以多加练习，慢慢掌握其技术。在高楼林立的楼宇间飞行时，无人机的信号经常会受到干扰，如果信号干扰强烈的话，很容易撞墙或者坠机。在飞行时，一定要多加注意飞行界面的相关提示，并观察四周环境。

6.2 4组独特的视频俯拍镜头

本节将讲解真正的航拍视角——俯视，因为俯视视角只有通过航拍才能轻易实现，因为它完全90° 朝下，位于拍摄目标的正上方，很多人都把这种航拍镜头称为上帝的视角。本节主要介绍4组独特的视频俯拍镜头，希望大家熟练掌握其飞行手法。

6.2.1 俯视下降的镜头

俯视下降是指拍摄具体的目标，离目标越来越近，目标的细节显示会越来越清晰。这种镜头很容易聚焦观众的视线，看看下面到底有什么，如图6–5所示。

图 6–5　俯视下降的视频拍摄效果

这段航拍视频的飞行方法如下。

❶拨动“云台俯仰”拨轮，实时调节云台的俯仰角度到垂直90°，朝下俯拍。

❷将左摇杆缓慢往下推动，无人机将慢慢下降。

★专家提醒★

在湖面、海面及水面上航拍时，无人机的下视视觉系统会受到干扰，无法识别无人机与水面的距离，即使无人机有避障功能，由于水是透明的物体，无人机的感知系统也会受到影响，一不小心就会飞到水里面去，所以一定要让无人机在可视范围内飞行。

6.2.2 俯视向前的镜头

俯视向前飞行是指无人机掠过所要拍摄的目标，特别是展示高楼大厦时，俯视拍摄还可以贴着高楼飞过去，这样空间压缩感会更强，如图6-6所示。

图 6-6 俯视向前的视频拍摄效果 1

下面再展示一段笔者在澳大利亚北领地盐湖采用垂直90° 俯视向前的飞行手法航拍的短视频画面，如图6-7所示。

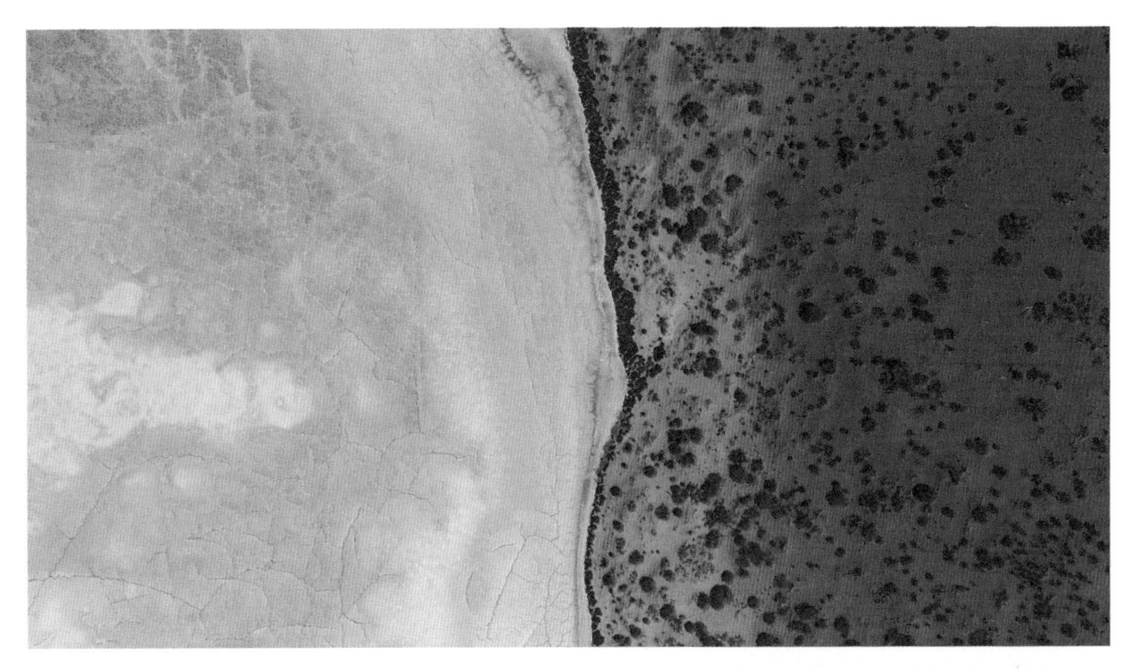

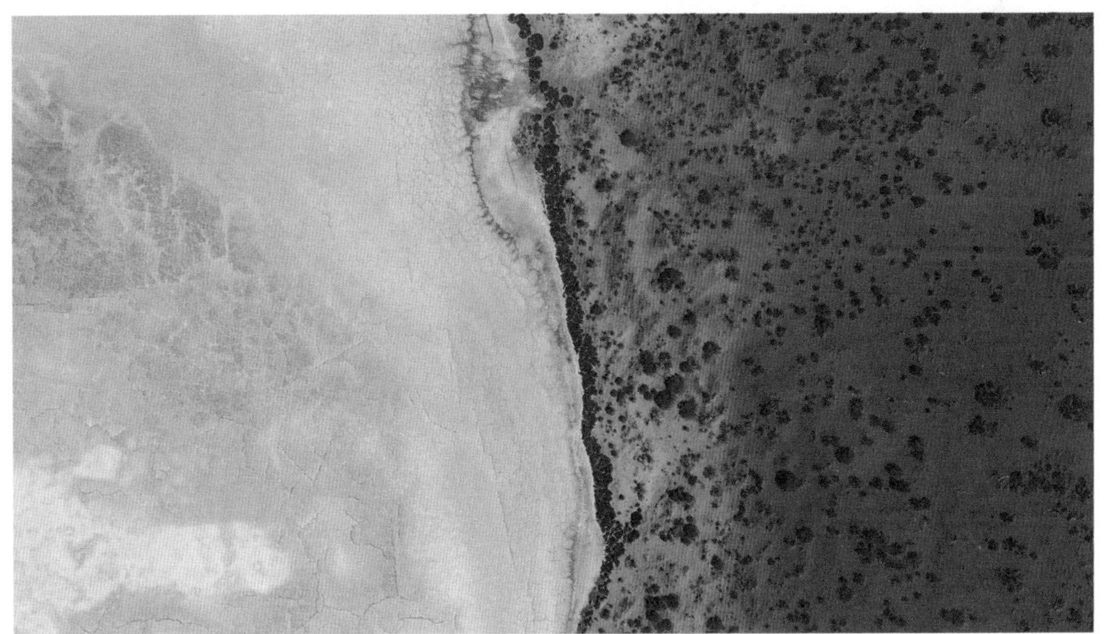

图 6-7 俯视向前的视频拍摄效果 2

这段航拍视频的飞行方法如下。

❶拨动“云台俯仰”拨轮，实时调节云台的俯仰角度到垂直90°，朝下俯拍。

❷将右摇杆缓慢往上推，无人机即可俯视向前飞行。

6.2.3 俯视螺旋上升的镜头

螺旋上升是指无人机自身旋转的同时，拉高机身，向上飞行，如图6–8所示。这种飞行方式可以增强画面的炫酷感，无人机缓慢向上飞行，拍摄主体越来越小，更好地交代了拍摄环境与背景，体现了画面的空间感。

图 6–8　俯视螺旋上升

这段航拍视频的飞行方法如下。

❶拨动“云台俯仰”拨轮，实时调节云台的俯仰角度到垂直90°，朝下俯拍。

❷将左摇杆缓慢向上推，然后缓慢往左或者往右方向操控，形成螺旋上升的效果。

6.2.4 俯视螺旋下降的镜头

螺旋下降是指无人机在旋转的同时，再加上下降的飞行手法，使主体目标越来越近，局部细节显示越来越清晰，增强画面的视觉效果，如图6-9所示。

图6-9 俯视螺旋下降

这段航拍视频的飞行方法如下。

❶首先拨动“云台俯仰”拨轮，实时调节云台的俯仰角度到垂直90°，朝下俯拍。

❷将左摇杆缓慢往下推动，无人机将慢慢下降，呈现出俯视下降的镜头。

❸在将左摇杆往下推的同时，将左摇杆再靠左或者靠右推一点，此时无人机将旋转下降，呈现出俯视旋转下降的镜头。

第 7 章

高手进阶：10 组高难度的航拍手法

7.1 5组高级航拍镜头

本节主要介绍5组高级的航拍镜头，如对冲镜头、变焦镜头、摇镜、多角度跟随及一镜到底等，帮助读者拍出极具吸引力的画面。

7.1.1 航拍汽车的对冲镜头

对冲镜头按照字面意思来说，就是指无人机与拍摄主体呈面对面的形式同时加速，相向飞行，能够很好地表现出拍摄主体的速度与冲力。图7–1所示为使用无人机拍摄的与汽车之间的对冲镜头，无人机与汽车同时加速，面对面对冲飞行，画面极具速度感。

图 7–1　使用无人机拍摄的与汽车之间的对冲镜头

这种对冲镜头适合拍摄的对象包括汽车、自行车、摩托雪橇、快艇等，拍摄时的最大难度在于要把握好无人机与拍摄对象之间的距离，以及当时气流的环境影响因素。

7.1.2 使用变焦功能航拍风景画面

变焦镜头是指在拍摄过程中可以变换焦距，以此得到不同宽窄距离的视角，拍摄出大景别与小景别的对比效果。可以借助简单的直线飞行，让取景大小发生连续的变化。

大疆御Mavic 2变焦版无人机就具有变焦的功能，在拍摄时，可以根据需要切换景别大小，分别采用远距离拍摄与近距离拍摄，体现视频画面的独特个性。图7-2所示为采用变焦功能拍摄的不同景别的风景效果。

图 7-2　采用变焦功能拍摄的不同景别的风景效果

7.1.3 使用摇镜扩大单一场景的表现力

摇镜是指当无人机悬停在空中时，可以通过操控偏航或者云台俯仰角度来实现“摇镜”运动效果。当拍摄同一场景时，采用“摇镜”拍摄方式可以扩大固定镜头的表现视野，使画面空间展示得更加全面、完整。图7–3所示为采用“摇镜”方式航拍的亚庇城市风光，场景大气、辽阔。

图 7–3 采用“摇镜”方式航拍的亚庇城市风光

采用“摇镜”方式航拍视频时，摇杆的速度一定要慢，只需略微向左或者向右拨动摇杆即可，让无人机偏航，沿着顺时针或逆时针方向旋转。

7.1.4 使用多角度跟随主体目标对象

多角度跟随拍摄可以更好地展示拍摄主体的视角，在跟拍过程中如果能切换不同的角度，可以使画面更加生动、形象，更具有吸引力。通过运动镜头可以使观众产生代入感。

如图7–4所示，这段多角度跟随拍摄的汽车画面就很好地展示了画面的空间延伸感，在跟拍过程中采用了环绕跟随镜头，让画面更具吸引力。

图 7–4　多角度跟随拍摄汽车

在多角度跟拍过程中，如果再结合环绕跟随镜头，可以更好地突出画面的空间延伸感，使拍摄主体与当时的环境产生关联因素。

7.1.5　“一镜到底”长镜头的拍摄方法

“一镜到底”拍摄方式是指一个连续的长镜头，中间没有任何断片的场景出现，拍摄难度较大，但在一些电视剧或者电影中，经常会看到这样的航拍场景。图7-5所示为笔者在上海黄浦江上采用“一镜到底”航拍方式拍摄的连贯性视频片段，不仅具有极强的视觉冲击力，还非常吸引观众的眼球，使观众有一种情景代入感。

图 7-5

图 7-5　采用“一镜到底”航拍方式拍摄的连贯性视频片段

要想拍出“一镜到底”的视频效果，在飞行过程中速度一定要缓慢、稳定，保持连贯的运动速度。飞行中还可以适当改变云台相机的朝向，让画面形成自然的视线转移，丰富视频画面的效果。

7.2　5组逆光航拍技法

逆光拍摄时需要对着太阳光线，一般会选择太阳升起或者日落时分进行拍摄，因为那时太阳高度角比较低，很容易获得逆光航拍镜头。本节主要介绍5组逆光航拍技法。

7.2.1　表现云彩的航拍技法

逆光的第一个表现对象是云彩，典型的拍摄对象就是彩霞，尤其是日出与日落时分的火烧云。此时应对准云彩测光，降低曝光值，让云彩准确曝光。

航拍镜头基本上一直对准云彩，直飞或者侧飞都可以。如果可以飞低一点，带入前景，效果会更好。由于采用逆光拍摄，云彩在太阳前面具有通透性，颜色非常丰富，如图7–6所示。

图 7–6　云彩在太阳前面具有通透性且颜色丰富

另外，如果在逆光拍摄时下方有水面的话，还可以贴近水面飞行，表现倒影，这种水天一色的逆光镜头更具魅力，如图7–7所示。

图 7–7　水天一色的逆光镜头更具魅力

7.2.2　表现剪影的航拍技法

逆光的第二个表现对象是剪影，典型的拍摄对象是建筑、桥梁、钟塔、山峦等高大目标。这些目标的特点是，在逆光的照射下剪影效果特别棒，如图7–8所示。

图 7–8　城市建筑的剪影效果

7.2.3　表现前景让画面具有层次感

逆光的第三个表现对象是前景，前景可以让画面具有层次感。图7–9所示为灯塔下的日落剪影效果，灯塔为前景，橘黄色的云彩为背景，整个画面给人一种温暖的感觉。

图 7–9　灯塔下的日落剪影效果

在这种逆光表现手法下，曝光值既要照顾逆光背景，也要照顾前景。在实际拍摄时，可以略微欠曝一点，后期再把暗部拉回来。这种航拍手法可以拓展画面的宽度，在使远处云彩背景获得恰当曝光的同时，也使前景恰当曝光，整个画面充满了视觉深度，令人过目不忘。

★专家提醒★

在逆光环境下，树木、山峦的阴影看上去更具立体感，不同的阴影位置可以创造出不同的画面效果。同时，画面的明暗对比也非常强烈，增强了画面的活力和气氛。另外，背景中的夕阳作为画面的陪体，让画面的色彩更加浓烈，对画面起到了很好的烘托作用。

7.2.4　表现高调画面让整个画面充满阳光

逆光的第四个表现对象是高调画面，就是使画面整体过曝，高光占据大部分画面，使整体画面充满阳光暖意。高调画面还可以表达光线的变化，太阳光在逆光过曝高调的情况下，可以呈现出独特的光线，如图7–10所示。

最后提醒大家，由于是逆光，不容易掌握曝光，而欠曝会给画面带来噪点问题，所以需要强大的后期处理能力。另外，为了使整体画面呈现出绚丽的色彩，还需要有很强的调色能力，这样整个画面才能达到理想的效果。

图 7-10　画面整体过曝表现出高调色彩

7.2.5　表现耶稣光的视频画面特效

逆光的最后一个表现对象是阳光本身，航拍时通过飞行使太阳和光线时有时无，太阳光线在露出的一刹那达到高潮，令人神往，如图7-11所示。

图 7-11　太阳光线露出的耶稣光效果

【进阶篇】

第 8 章

一键短片：快速生成满意的视频作品

8.1 “渐远”模式飞行

“一键短片”中的“渐远”模式是指无人机以目标为中心逐渐后退并上升飞行，本节主要介绍渐远飞行的具体操作方法。

8.1.1 手动设置渐远飞行的距离

在飞行之前，可以手动设置渐远飞行的距离，下面介绍具体操作方法。

步骤 01 在DJI GO 4 App飞行界面中，点击左侧的“智能模式”按钮，在打开的界面中点击“一键短片”按钮，如图8-1所示。

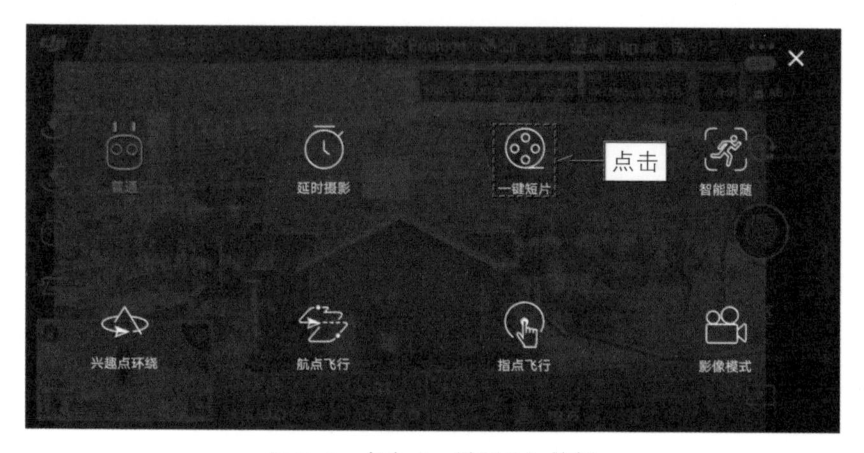

图 8-1 点击“一键短片”按钮

步骤 02 进入“一键短片”飞行模式，下方提供了 6 种飞行模式，选择“渐远”模式，如图 8-2 所示。

图 8-2 选择“渐远”模式

步骤 03 弹出“距离”选项，向右拖曳滑块，将“距离”参数设置为120m，如图8-3所示，在设置飞行距离时，最多可以设置为120米。

图 8-3　将“距离”参数设置为 120m

8.1.2　框选目标渐远飞行120米

设置好渐远飞行距离后，接下来根据界面提示，在屏幕中框选目标后，无人机将以目标为中心渐远飞行，下面介绍具体操作方法。

步骤 01 在屏幕中用食指拖曳框选目标，被框选的区域呈浅绿色显示，如图8-4所示。

图 8-4　被框选的区域呈浅绿色显示

步骤 02 系统将从框选的目标中选择一个主体对象，点击屏幕中的GO按钮，如图8-5所示。

图 8-5　点击屏幕中的 GO 按钮

步骤 03 执行操作后，即可使用“渐远”模式一键拍摄短片，效果如图8-6所示。

图 8-6　使用“渐远”模式一键拍摄短片

8.2　"环绕"模式飞行

"一键短片"中的"环绕"模式是指无人机将围绕目标对象环绕飞行一圈，本节主要介绍环绕飞行的具体操作方法。

8.2.1　顺时针环绕飞行

环绕飞行包含两种不同的飞行方向，如顺时针环绕和逆时针环绕，下面讲解顺时针环绕飞行的具体操作方法。

步骤 01 进入"一键短片"飞行模式，选择"环绕"模式，弹出"方向"选项，点击右侧的按钮，即可切换至"顺时针"模式，如图8-7所示。

图 8-7　切换至"顺时针"模式

步骤 02 调整无人机的角度和高度，在屏幕中点击或者框选目标，点击 GO 按钮，即可开始进行顺时针环绕飞行，如图 8-8 所示。

图 8-8

图 8-8　顺时针环绕飞行

8.2.2　逆时针环绕飞行

逆时针环绕飞行是指逆方向进行环绕，在操作时，只需将“顺时针”切换到“逆时针”即可，下面介绍具体操作方法。

步骤 01 进入“一键短片”飞行模式，选择“环绕”模式，弹出“方向”选项，点击右侧的按钮，即可切换至“逆时针”模式，如图8-9所示。

图 8-9　切换至“逆时针”模式

步骤 02 在屏幕中点击或者框选目标，点击GO按钮，即可开始进行逆时针环绕飞行，如图8-10所示。

图 8-10　逆时针环绕飞行

8.3　“螺旋”模式飞行

“一键短片”中的“螺旋”模式是指无人机将围绕目标对象飞行一圈，并逐渐上升及后退。下面介绍设置螺旋飞行距离的具体操作方法。

步骤 01 进入“一键短片”飞行模式，选择“螺旋”模式，弹出“距离”选项，❶将“距离”设置为40m；❷点击“顺时针”或者“逆时针”切换按钮，设定飞行的方向，调整无人机的角度和高度；❸在屏幕中点击或者框选目标，如图8-11所示。

图 8-11　将“距离”参数设置为 40m

步骤 02 点击GO按钮，即可开始进行螺旋飞行，在飞行时画面会有距离的变化，效果如图8-12所示。

图 8-12　螺旋飞行拍摄一键短片

8.4　“冲天”模式飞行

使用“一键短片”中的“冲天”模式时，框选好目标对象后，无人机的云台相机将垂直90° 俯视目标对象，然后垂直上升，越飞越高。下面介绍一键冲天飞行的具体操作方法。

步骤 01 进入“一键短片”飞行模式，选择“冲天”模式，在屏幕中框选目标，如图8-13所示。

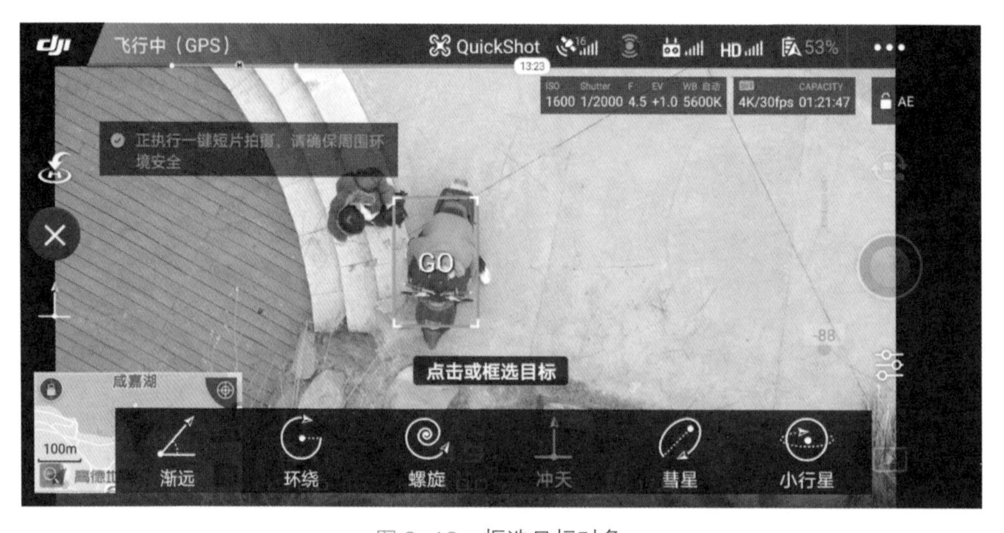

图 8-13　框选目标对象

步骤 02 点击GO按钮，即可开始进行冲天飞行，效果如图8-14所示。

图 8-14　冲天飞行拍摄一键短片

8.5　"慧星"模式飞行

使用"一键短片"中的"彗星"模式时，无人机将以椭圆轨迹飞行，绕到目标后面并飞回起点拍摄。下面介绍具体的操作方法。

步骤 01　进入"一键短片"飞行模式，选择"彗星"模式，弹出"方向"选项，点击右侧的按钮，切换至"逆时针"模式，如图8-15所示。

图 8-15　切换至"逆时针"模式

步骤 02　在屏幕中点击或者框选目标，点击GO按钮，即可开始进行逆时针飞行，如图8-16所示。

图 8-16 逆时针飞行

8.6 “小行星”模式飞行

使用“一键短片”中的“小行星”模式时，可以拍摄一个从局部到全景的漫游小视频，非常吸引观众的眼球。下面介绍具体的操作方法。

步骤 01 进入“一键短片”飞行模式，选择“小行星”模式，在屏幕中点击人物目标，如图8-17所示。

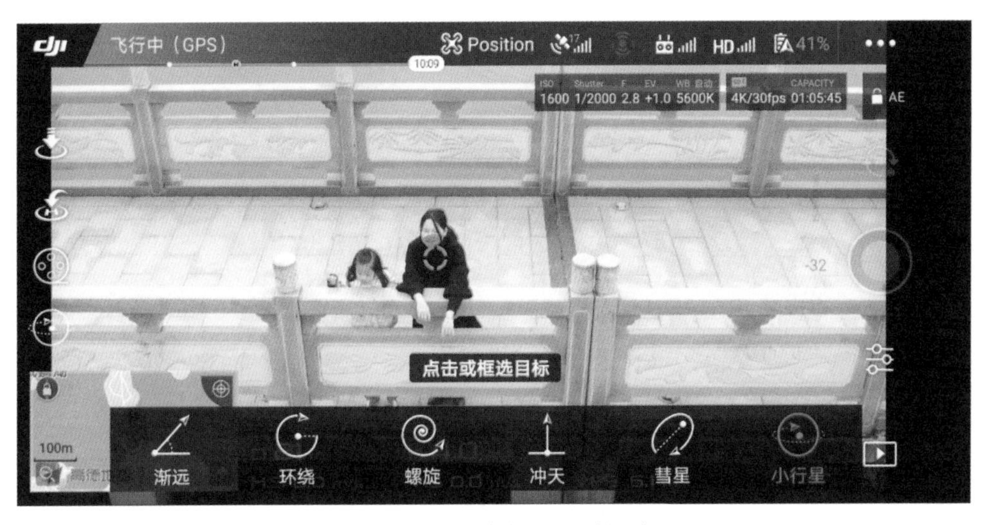

图 8-17　在屏幕中点击人物目标

步骤 02 执行操作后，即可使用“小行星”模式拍摄一键短片，效果如图8-18所示。

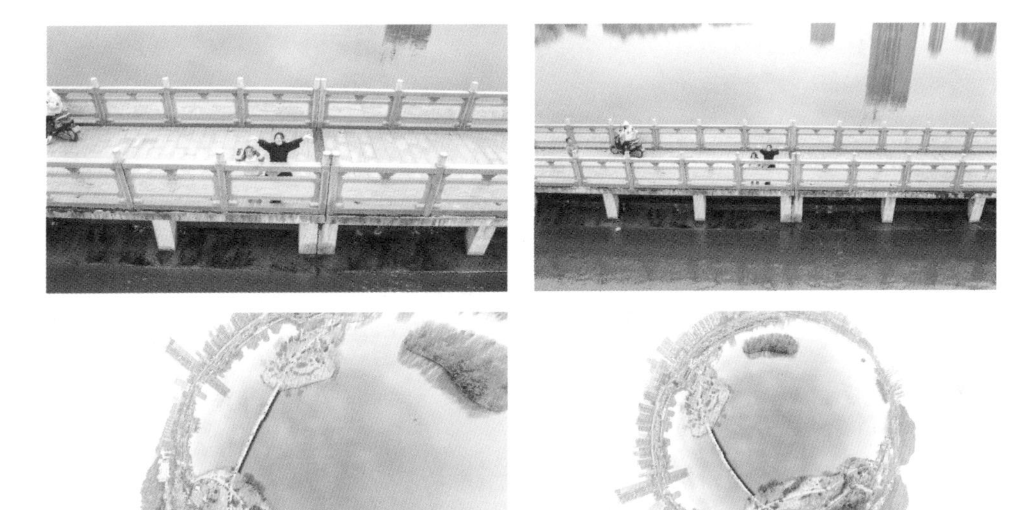

图 8-18　使用“小行星”模式拍摄一键短片

第 9 章

智能跟随：让镜头跟随主体目标航拍视频

9.1 “普通”智能跟随模式

在“普通”模式下，用户可以向左或者向右旋转航拍人物对象，首先需要锁定人物目标，然后围绕人物目标进行旋转飞行即可。

9.1.1 向右旋转航拍人物

将无人机向右旋转相应角度，可以跟随人物主体进行旋转拍摄，从人物的后面飞到人物的正前方进行拍摄，具体操作步骤如下。

步骤 01 在DJI GO 4 App飞行界面中，点击左侧的“智能模式”按钮，在打开的界面中点击“智能跟随”按钮，如图9-1所示。

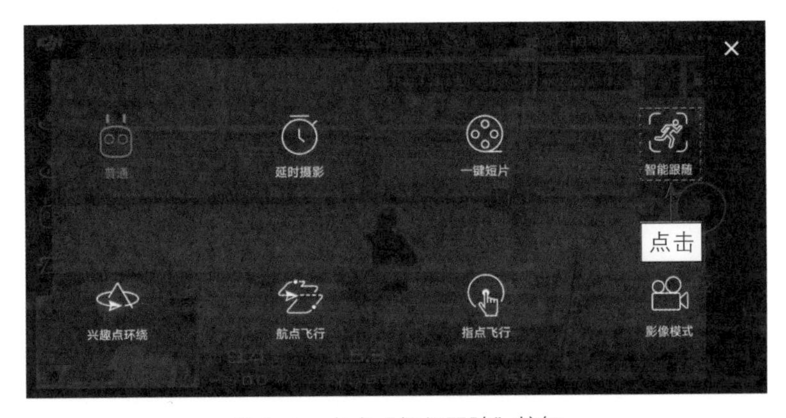

图 9-1　点击“智能跟随”按钮

步骤 02 进入“智能跟随”飞行模式，下方提供了3种飞行模式，选择“普通”模式，如图9-2所示。

图 9-2　选择“普通”模式

步骤 03 进入“普通”模式拍摄界面，点击画面中的人物，设定跟随目标。此时屏幕中锁定了目标对象，并显示一个控制条，中间有一个圆形的控制按钮，可以向左或者向右滑动，调整无人机的拍摄方向，如图9–3所示。

图 9–3 设定跟随目标

步骤 04 此时人物向前走，无人机将保持一定的飞行距离跟在人物后面进行拍摄，向人物行走的方向飞行，如图9–4所示。

图 9–4 跟在人物后面进行拍摄

步骤 05 当人物走到栏杆旁边时，向右滑动控制按钮，此时无人机将向右旋转并环绕人物飞行，始终将人物目标放在画面的正中间，如图9–5所示。

图 9-5　无人机向右旋转并环绕人物飞行

9.1.2　向左旋转航拍人物

向左旋转与向右旋转的操作刚好相反，只需在“普通”模式拍摄界面中向左滑动控制按钮，此时无人机将向左旋转并环绕人物飞行，如图9-6所示。

图 9-6　向左旋转并环绕人物飞行

9.2 “平行”智能跟随模式

在“平行”模式下，无人机与人物目标之间将保持平行，根据人物目标行走的方向，无人机将与人物目标平行飞行。

9.2.1 平行跟随人物运动

无人机不仅可以跟在人物的后面飞行，还可以跟在人物的两侧平行飞行。下面介绍平行跟随人物运动的具体操作方法。

步骤 01 进入“智能跟随”飞行模式，❶选择“平行”模式；❷在屏幕中点击人物目标，如图9-7所示。

图 9-7　在屏幕中点击人物目标

步骤 02 执行操作后，此时人物向右侧行走，无人机将平行跟随人物目标，如图9-8所示。

图 9-8　无人机平行跟随人物目标

9.2.2　向后倒退跟随航拍视频

使用“平行”跟随模式时，不仅可以平行跟随人物目标，还可以向后倒退飞行，与人物目标保持一定的平行距离。下面介绍具体的操作方法。

步骤 01 进入“智能跟随”飞行模式，选择“平行”模式，然后在屏幕中点击并锁定人物目标，如图9-9所示。

图 9-9　在屏幕中点击并锁定人物目标

步骤 02 此时，无人机在人物的正对面，当人物向无人机方向行走时，无人机将向后倒退飞行，与人物保持一定的平行距离，如图9-10所示。

图 9-10　与人物保持一定的平行距离

★专家提醒★

本章以人物为案例来讲解“智能跟随”的拍摄方法，用户还可以用同样的飞行手法拍摄移动的汽车、船只等对象。

9.3 "锁定"智能跟随模式

使用"智能跟随"模式下的"锁定"模式，无人机将锁定目标对象，不论无人机向哪个方向飞行，镜头都会一直锁定目标对象。

9.3.1 固定位置航拍人物

在"锁定"模式下，如果用户没有打杆，那么无人机将固定位置不动，但云台镜头会紧紧锁定、跟踪人物目标，具体操作方法如下。

步骤 01 进入"智能跟随"飞行模式，选择"锁定"模式，然后在屏幕中点击并锁定人物目标，如图9-11所示。

图 9-11　在屏幕中点击并锁定人物目标

步骤 02 此时，人物主体不管朝哪个方向行走，无人机的镜头将一直锁定人物目标，在不打杆的情况下，无人机将保持不动，如图9-12所示。

图 9-12　无人机的镜头一直锁定人物目标

★专家提醒★

在“智能跟随”模式下，无人机不能向左或者向右旋转镜头，如果用左手向左或者向右拨动摇杆，无人机将不会有任何反应。

9.3.2　锁定目标拉高后退飞行

在“锁定”模式下，用户可以自主打杆控制无人机的飞行方向与角度。对于无人机飞行高手而言，比较喜欢这种智能跟随模式，因为可以根据自己的喜好随意控制无人机。通过对摇杆的操作，可以让无人机进行上下、前后、左右飞行。

步骤 01 进入“智能跟随”飞行模式，选择“锁定”模式，然后在屏幕中点击并锁定人物目标，如图9-13所示。

图 9-13　在屏幕中点击并锁定人物目标

步骤 02 接下来使用左手向上拨动左摇杆，无人机将向上飞行；同时使用右手向下拨动右摇杆，无人机将向后倒退，一边拉高一边后退飞行，如图9-14所示。

图 9-14　一边拉高一边后退飞行

第 10 章

指点飞行：按照指定方向飞行航拍视频

10.1 “正向指点”模式飞行

“指点飞行”模式下的“正向指点”模式是指无人机向所选目标方向前进飞行，离目标对象越来越近，前视视觉系统正常工作。

10.1.1　设置正向飞行的速度

下面介绍使用“正向指点”模式飞行时设置飞行速度的方法，具体操作步骤如下。

步骤 01 在DJI GO 4 App飞行界面中，点击左侧的“智能模式”按钮，在打开的界面中点击“指点飞行”按钮，如图10-1所示。

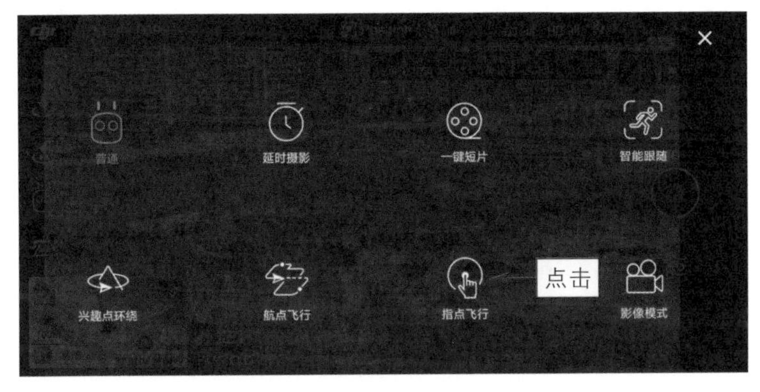

图 10-1　点击“指点飞行”按钮

步骤 02 进入“指点飞行”模式，下方提供了3种飞行模式，❶选择“正向指点”模式；❷向上或者向下拖曳右侧的速度滑块，设置无人机的飞行速度，如图10-2所示。

图 10-2　设置无人机的飞行速度

10.1.2 在画面中指定目标对象

设置好正向飞行速度后，接下来需要在画面中指定目标对象，点击屏幕即可出现一个浅绿色的GO按钮，如图10–3所示。

图 10–3 浅绿色的 GO 按钮

10.1.3 向前拉低飞行无人机

因为无人机所处的位置比较高，而指定的目标对象位置比较低，当点击屏幕中的GO按钮后，无人机即可向前拉低飞行，一边向前飞行一边下降，屏幕上会提示飞行器正在下降，如图10–4所示。如果希望无人机向前拉高飞行，只需在指定目标对象时将云台抬起，然后往高处指定目标对象，这样无人机在飞行中即可向前拉高飞行。

图 10–4　向前拉低飞行无人机

10.2 “反向指点”模式飞行

“指点飞行”模式下的“反向指点”模式是指无人机向所选目标方向倒退飞行，后视视觉系统正常工作。

10.2.1　设置反向飞行的速度

下面介绍使用“反向指点”模式飞行时设置飞行速度的方法，具体操作步骤如下。

步骤 01　在DJI GO 4 App飞行界面中，点击左侧的“智能模式”按钮，在打开的界面中点击“指点飞行”按钮，进入“指点飞行”模式，选择“反向指点”模式，如图10–5所示。

图 10–5　选择“反向指点”模式

步骤 02 向上或者向下拖曳右侧的速度滑块，设置无人机反向飞行的速度，这里设置速度为 6.6m/s，如图 10-6 所示。

图 10-6 设置无人机反向飞行的速度

10.2.2 在画面中指定目标对象

设置好反向飞行速度后，接下来需要在画面中指定目标对象，点击屏幕即可出现一个浅绿色的GO按钮，提示“指点即飞”信息，如图10-7所示。

图 10-7 提示“指点即飞”的信息

10.2.3　平行后退飞行无人机

点击屏幕上的GO按钮，此时无人机自动调整拍摄位置和角度，进行平行后退飞行，离目标对象会越来越远，最终显示一个大场景，如图10-8所示。

图10-8　进行反向指点飞行

★专家提醒★

在反向指点飞行过程中，如果云台镜头锁定的目标位置发生变化，可以手动拖曳屏幕中的目标锁定框，调整目标位置。

10.3 “自由朝向指点”模式飞行

“指点飞行”模式下的“自由朝向指点”模式是指无人机向所选目标前进飞行，在飞行过程中通过遥控器可以调整镜头的朝向和构图。

在“指点飞行”模式中选择“自由朝向指点”模式，在飞行界面的右侧，向上或向下拖曳速度滑块，即可设置无人机自由朝向飞行的速度，如图10-9所示；点击屏幕锁定飞行方向后，即可进行自由朝向指点飞行，如图10-10所示。

图 10-9　设置无人机自由朝向飞行的速度

图 10-10　使用“自由朝向指点”模式航拍

第 11 章

环绕飞行：围着主体目标进行 360° 航拍

11.1 设置兴趣点环绕的参数

“兴趣点环绕”模式是指无人机围绕用户设定的兴趣点进行360° 旋转拍摄，这样可以360° 展示目标对象，从各个不同的角度去欣赏美景。本节主要介绍设置兴趣点环绕飞行的参数，帮助用户拍出理想的摄影作品。

11.1.1 在画面中框选兴趣点

使用“兴趣点环绕”智能飞行模式时，首先需要在画面中框选兴趣点，即目标对象。下面介绍具体的操作方法。

步骤01 在DJI GO 4 App飞行界面中，点击左侧的“智能模式”按钮，在打开的界面中点击“兴趣点环绕”按钮，如图11-1所示。

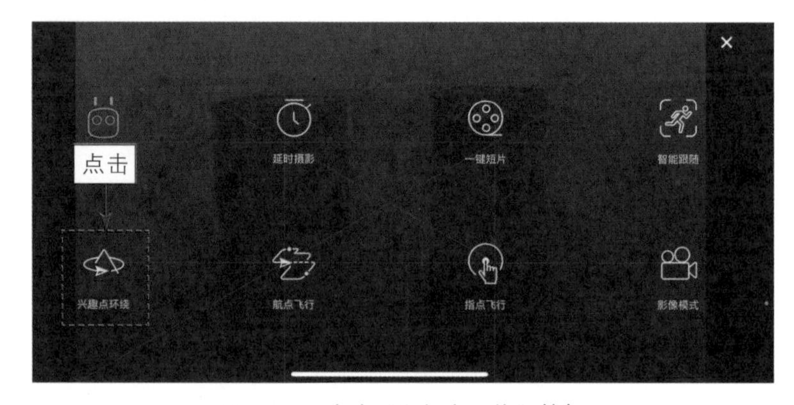

图 11-1 点击“兴趣点环绕”按钮

步骤02 进入“兴趣点环绕”模式，在飞行界面中用手指拖曳绘制一个方框，设定兴趣点对象，如图11-2所示。

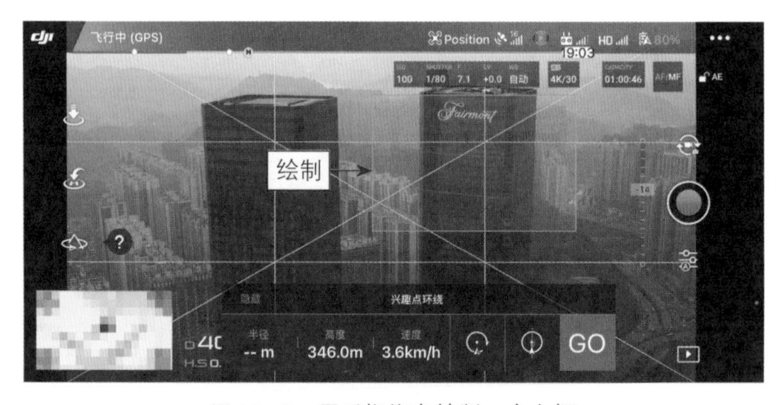

图 11-2 用手指拖曳绘制一个方框

步骤03 此时，浅绿色的方框中显示GO按钮，点击该按钮，如图11-3所示。

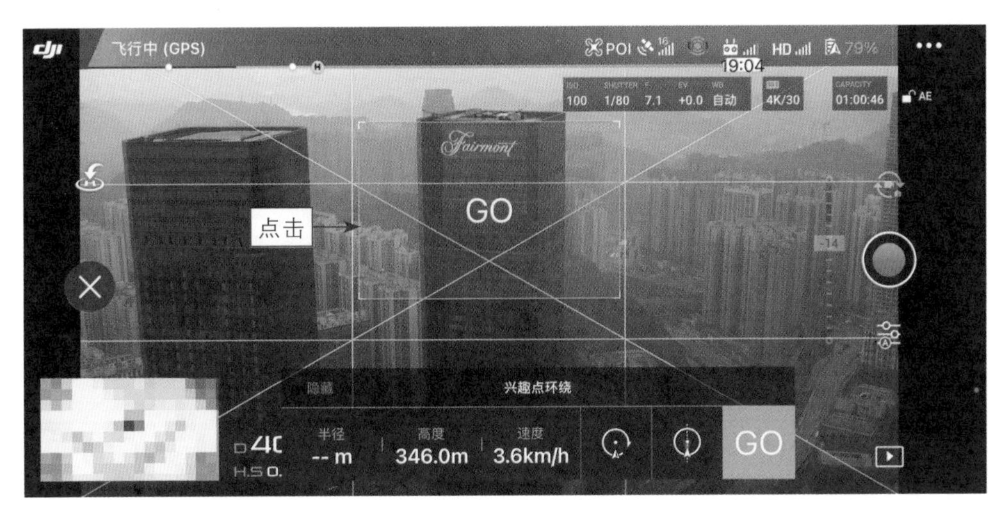

图 11-3　点击 GO 按钮

步骤04 界面中提示“目标位置测算中，请勿操作飞行器”，如图 11-4 所示。

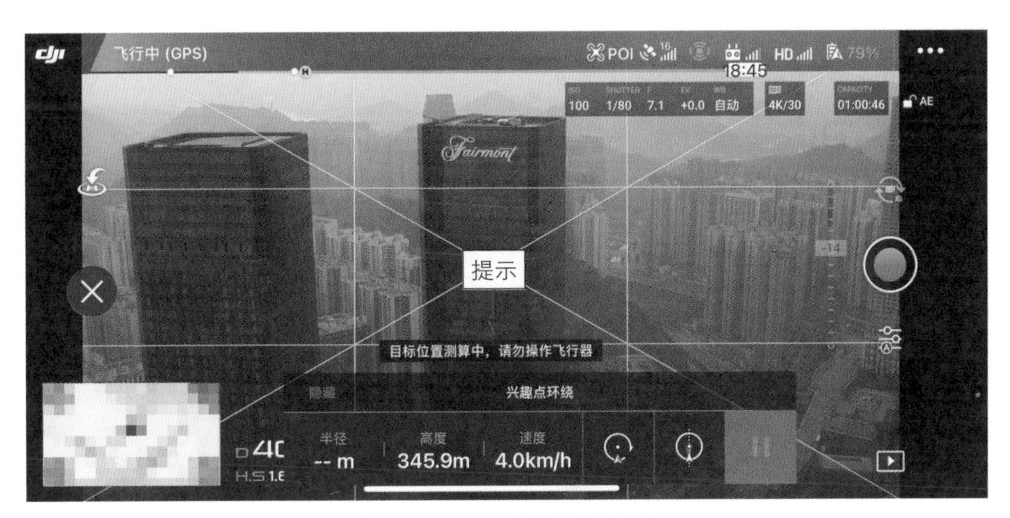

图 11-4　界面中提示相关信息

步骤05 待目标位置测算完成后，界面中提示“测算完成，开始环绕”信息，如图11-5所示。

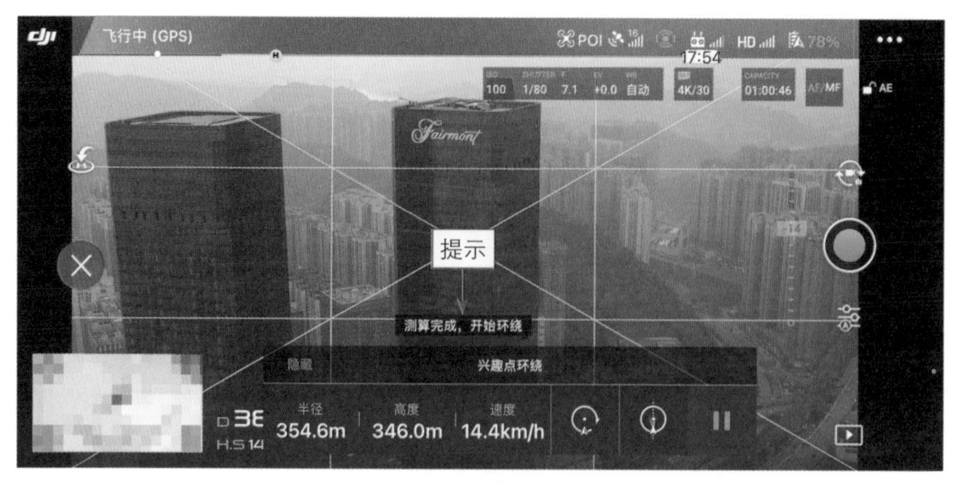

图 11–5　界面中提示“测算完成，开始环绕”信息

11.1.2　设置环绕飞行的半径

当界面中提示“测算完成，开始环绕”信息后，❶点击下方的“半径”数值，弹出滑动条；❷向左或者向右拖曳滑块，可以设置环绕飞行的半径数值，如图11–6所示。

图 11–6　设置环绕飞行的半径数值

11.1.3　设置环绕飞行的高度

在“兴趣点环绕”飞行模式下，❶点击下方的“高度”数值，弹出滑动条；❷向左或者向右拖曳滑块，可以设置环绕飞行的高度数值，如图11–7所示。

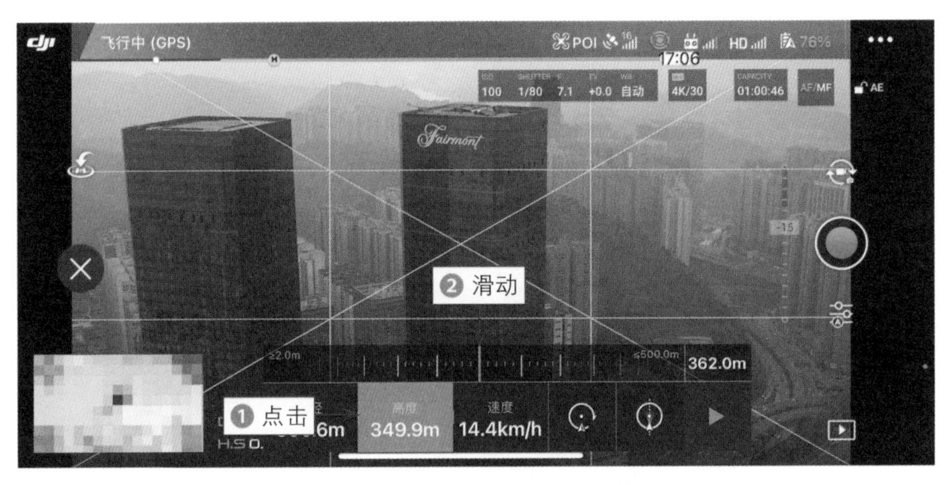

图 11-7　设置环绕飞行的高度数值

11.1.4　设置环绕飞行的速度

在“兴趣点环绕”飞行模式下，❶点击下方的“速度”数值，弹出滑动条；❷向左或者向右拖曳滑块，可以设置环绕飞行的速度，如图11-8所示。

图 11-8　设置环绕飞行的速度

11.2　设置兴趣点环绕的方向

围绕主体目标进行360°环绕飞行时，包含两种环绕方向，一种是顺时针环绕，另一种是逆时针环绕。本节主要介绍这两种环绕飞行的方向。

11.2.1 逆时针环绕飞行无人机

在上一例的基础上，设置好环绕飞行的半径、高度及速度等参数后，即可以逆时针的方式进行环绕飞行。点击“录制”按钮，可以录制视频画面，如图11-9所示。

图 11-9　以逆时针的方式进行环绕飞行

11.2.2 顺时针环绕飞行无人机

在飞行界面下方点击“顺时针”按钮，即可以顺时针的方向进行环绕飞行，如图11-10所示。

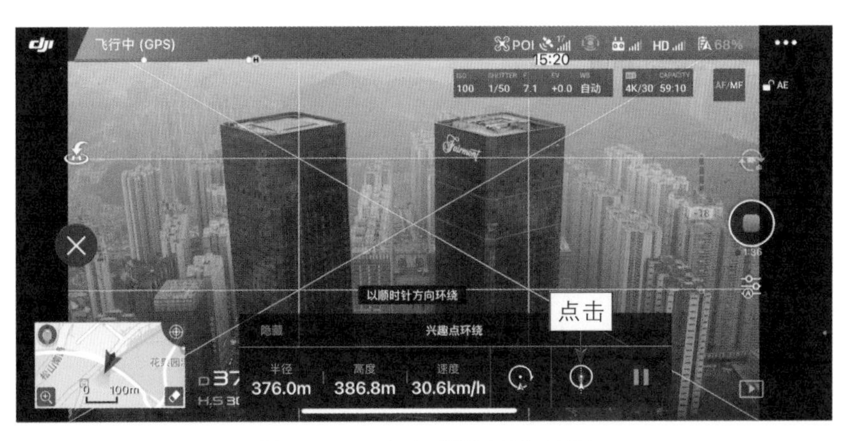

图 11-10　点击"顺时针"按钮

图11-11所示为无人机以顺时针方向环绕飞行的画面，从建筑的右侧飞到了左侧，在下方可根据需要设置飞行的半径、高度及速度等参数。

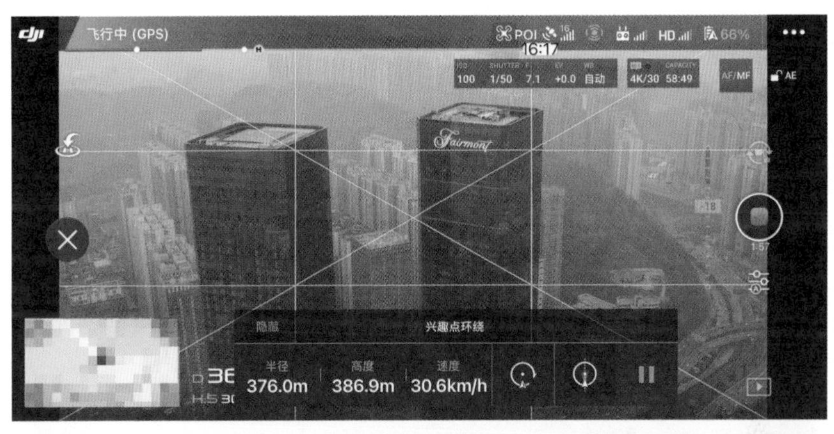

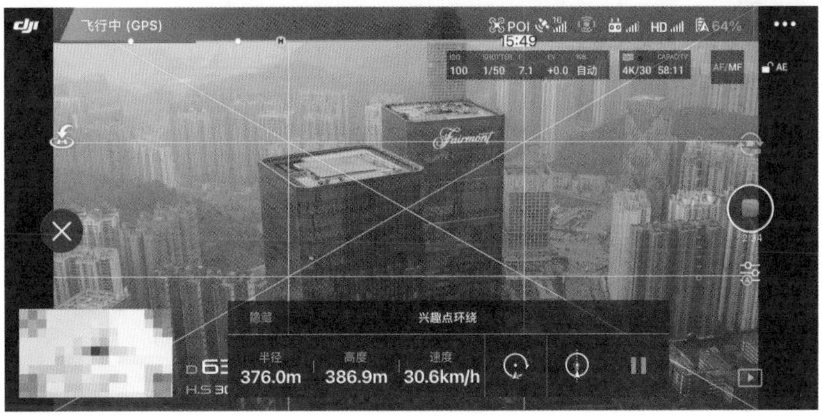

图 11-11　以顺时针方向环绕飞行的画面

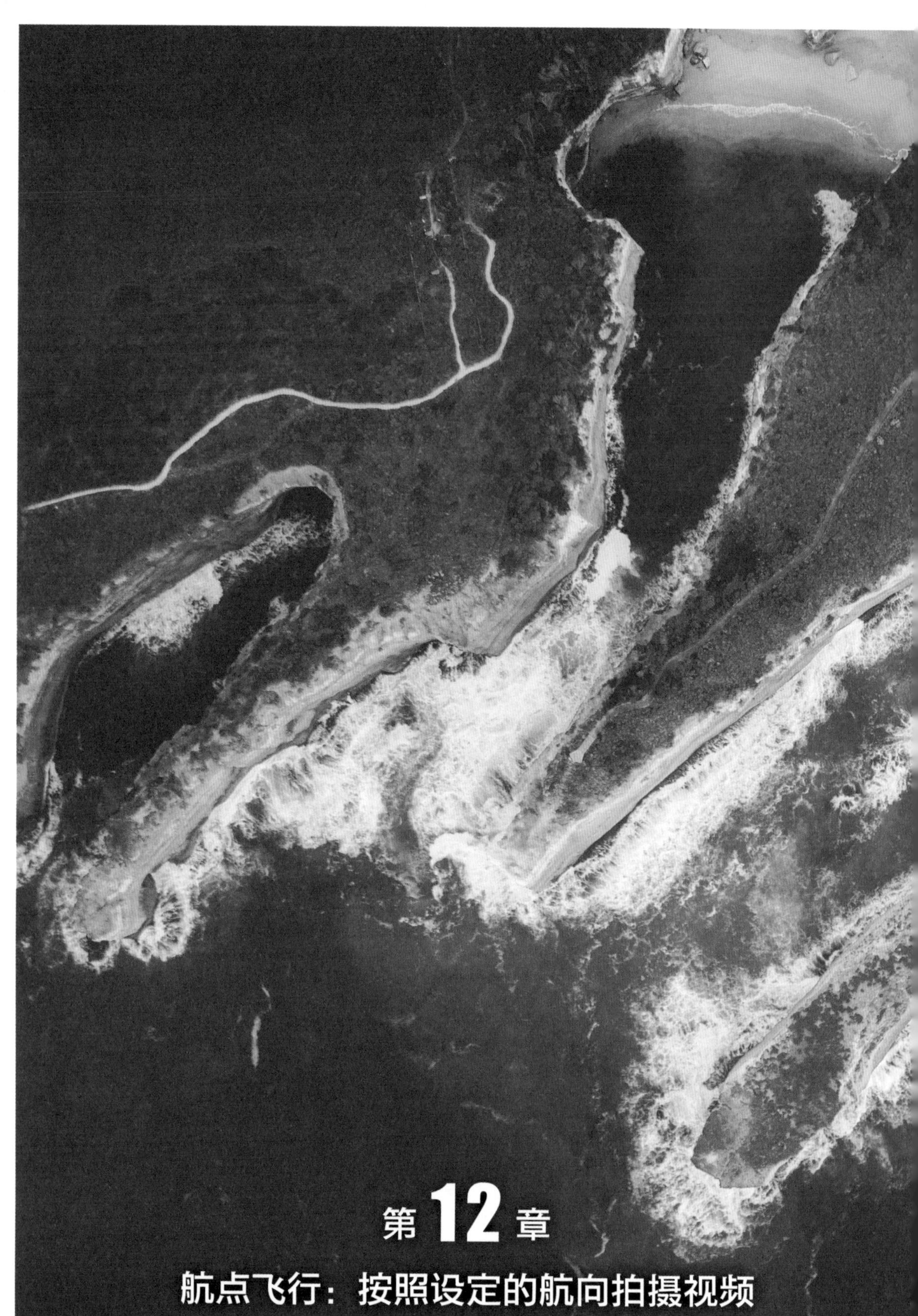

第 12 章

航点飞行：按照设定的航向拍摄视频

12.1 设置航点和飞行路线

使用航点飞行功能时，首先需要添加航点和路线，设置航点参数和航点类型，使添加的航点和航线符合飞行需要。本节主要介绍设置航点和飞行路线的具体操作方法。

12.1.1 添加航点和路线

使用无人机进行航点飞行前，首先要学会如何添加航点，设计飞行路线，下面介绍具体操作方法。

步骤 01 起飞无人机后，在飞行界面中点击左侧的“智能模式”按钮，在打开的界面中点击“航点飞行”按钮，如图12-1所示。

图 12-1　点击“航点飞行”按钮

步骤 02 进入操作引导界面，如果是第一次进行航点飞行，建议多花一点时间看一下引导视频，里面有航点规划的详细引导，如图12-2所示。

图 12-2　操作引导界面

步骤03 点击右上角的“退出引导”按钮，退出引导界面，进入航点规划界面，用户就可以开始规划和设计航点了。❶在界面中点击航点按钮，使其高亮显示；❷然后在地图上的相应位置直接点击，即可添加航点，如图12-3所示。

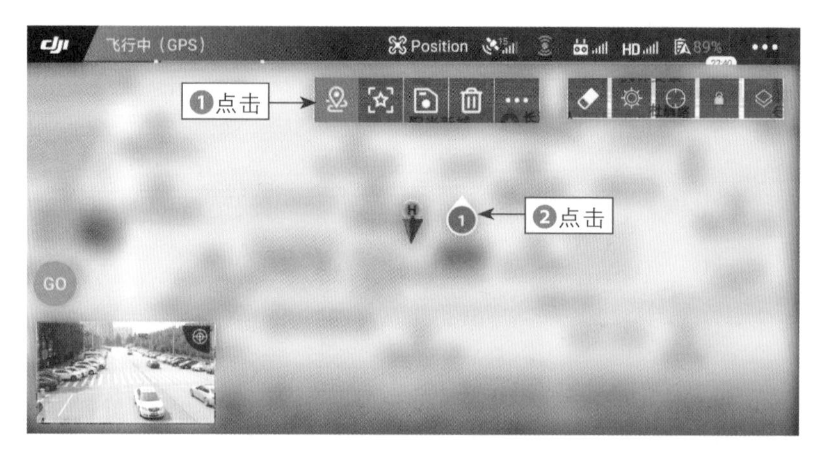

图 12-3　添加第 1 个航点

步骤04 点击界面左下角的飞行窗口，切换预览模式，开始飞行无人机。将无人机飞到第 2 个航点位置后，按下遥控器上的 C1 键，即可添加第 2 个航点信息，如图 12-4 所示，这是直接利用当前无人机的画面获得最准确构图的快捷操作方法。

图 12-4　添加第 2 个航点信息

★专家提醒★

航点规划简单来说就是在地图上预先设定无人机要飞行经过的航点，航点包含了无人机的高度、朝向和云台俯仰角。当无人机执行航点飞行后，在经过航点时会智能自动调整至预先设定的高度、朝向和云台俯仰角，而且一定是以顺滑的方式在两个航点之间切换这 3 个参数，这也就是为什么航点飞行拍摄出来的视频非常顺滑的主要原因。

步骤05 继续使用相同的方法进行飞行、操控并添加航点信息，笔者在地图上共添加了3个航点位置，如图12-5所示。

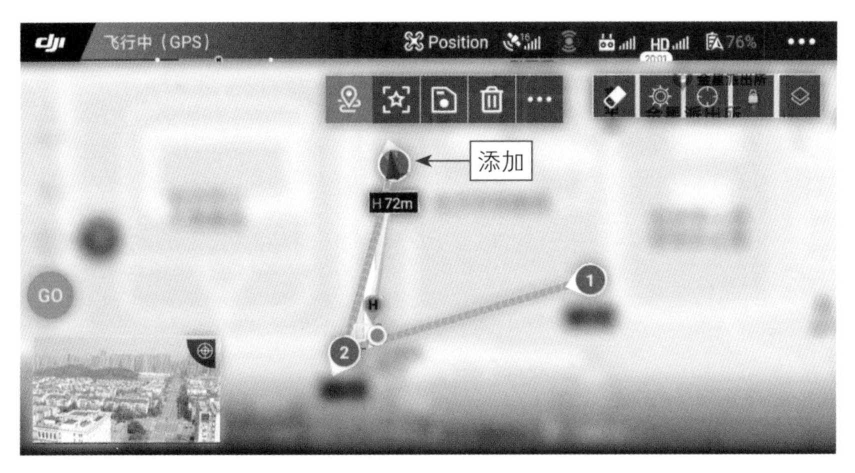

图 12-5　共添加了 3 个航点位置

12.1.2　设置航点的参数

在相关位置添加航点后，还可以修改航点的参数，只需在地图上点击相应的航点数字，即可打开设置面板。❶这里点击航点1，如图12-6所示；❷在打开的面板中可以设置飞行的高度、速度、飞行朝向、云台俯仰角、相机行为及关联兴趣点等属性，使无人机按照所设定的参数进行飞行。可以使用相同的操作方法，设置其他航点参数。

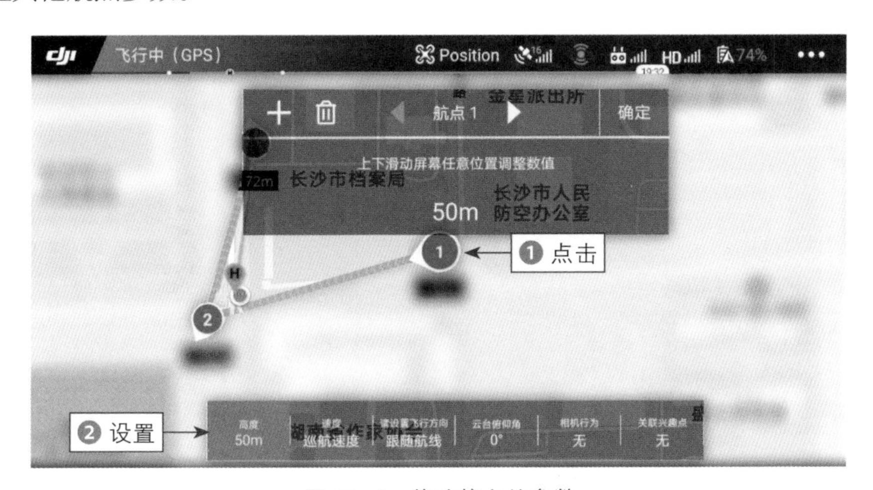

图 12-6　修改航点的参数

12.1.3 设置航线的类型

在“航点飞行”模式中包括两种航线类型，一种是折线型，另一种是曲线型。折线型是指无人机按照直线路径飞行；曲线型是指无人机的飞行航线呈曲线状。下面介绍修改航线类型的具体操作方法。

步骤 01 进入航点规划界面，点击上方的设置按钮…，打开浮动面板，点击“航线设置”按钮，如图12-7所示。

图 12-7　点击“航线设置”按钮

步骤 02 进入“航线设置”界面，在“航线类型”右侧点击“折线”按钮，即可将“航线类型”设置为“折线”，如图12-8所示。

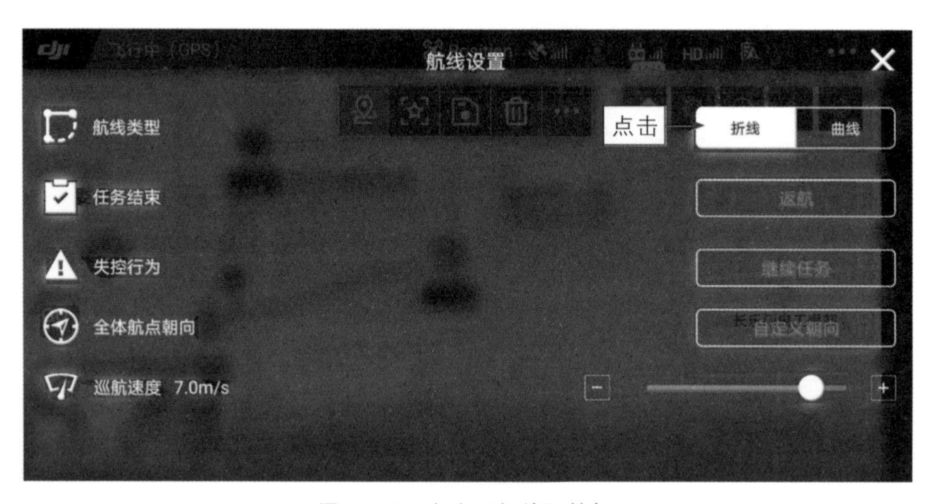

图 12-8　点击“折线”按钮

★专家提醒★

系统默认情况下，都是折线型的航线类型，无人机可以精准抵达相应位置，并设定每一个航点，也是用户使用得最多的一种航线类型。

步骤 03 点击“曲线”按钮，将弹出提示信息框，提示用户在该类型下无法自动执行航点设置中的“相机动作”，点击“确定”按钮，如图12-9所示，即可更改航线类型。

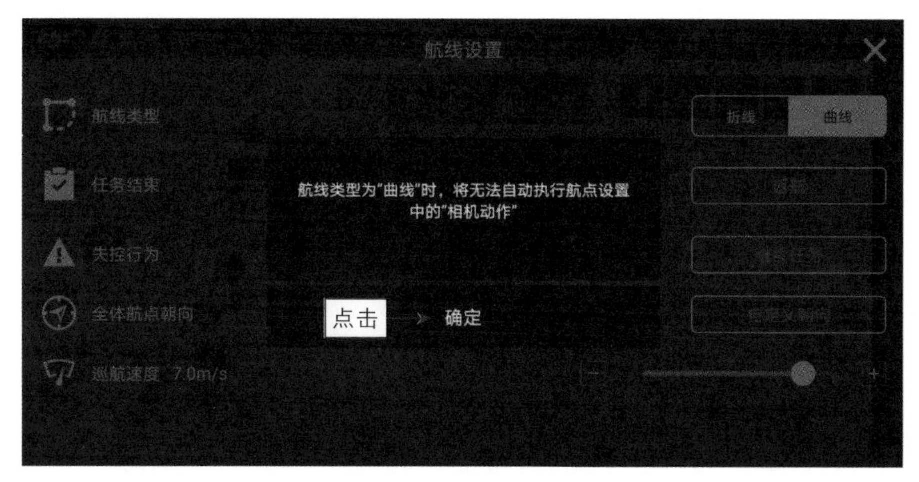

图 12-9　点击“确定”按钮

12.2 设置无人机的朝向和速度

在地图上添加好航点和路线后，接下来需要设置无人机飞行时的朝向和速度，并添加相应的兴趣点。本节将讲解如何按照设定的航点飞行无人机。

12.2.1 自定义无人机的朝向

飞行朝向默认是自定义朝向，也就是航点设置的无人机朝向，使画面构图更加精准。

在“航线设置”界面中，点击“全体航点朝向”右侧的“自定义朝向”按钮，打开下拉列表框，其中包括“自由”“自定义朝向”“跟随航线”3种类型，如图12-10所示。“自由”是指用户可以一边飞行一边控制朝向，“跟随航线”是指无人机对准航线向前的方向飞行，“自定义朝向”是指在航点飞行中可以自定义无人机的朝向。

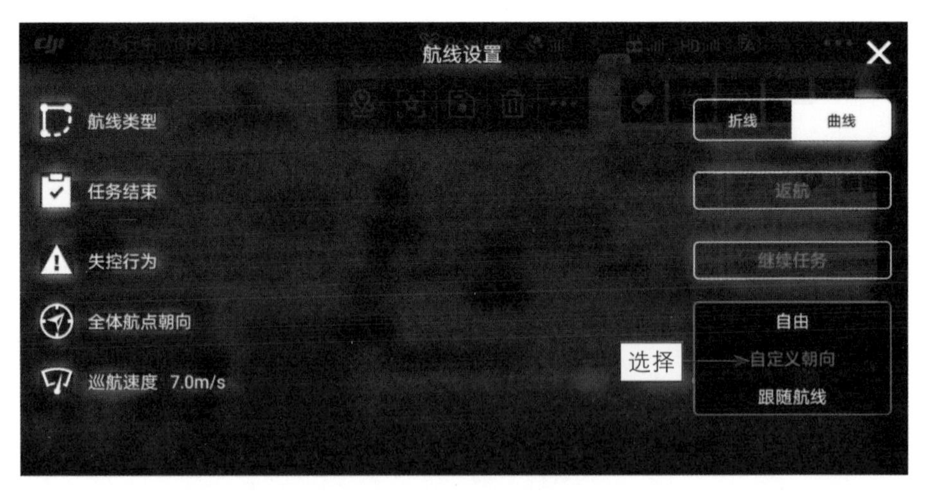

图 12-10　设置无人机的朝向

12.2.2　设置统一的巡航速度

在“航线设置”界面中，拖曳“巡航速度”右侧的滑块，可以设置无人机的巡航速度，如图12-11所示。

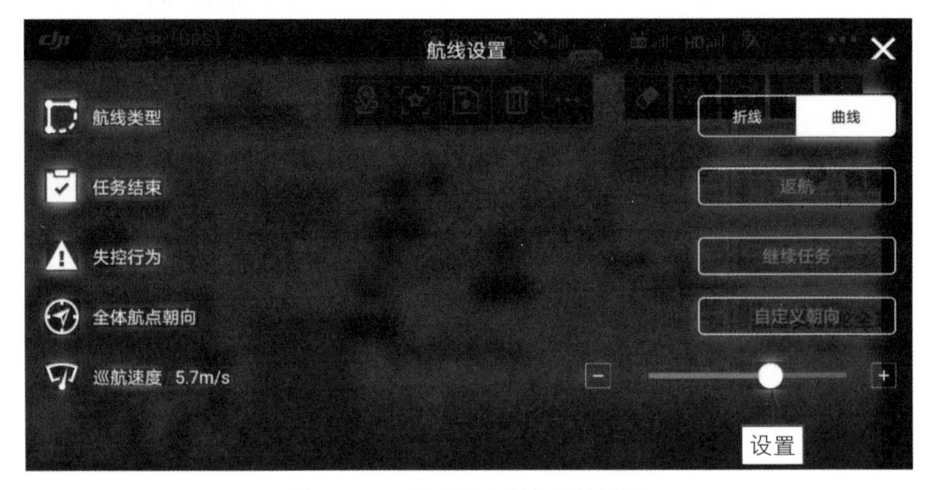

图 12-11　设置无人机的巡航速度

12.2.3　添加兴趣目标点

兴趣点是指拍摄的目标点，无人机在飞行过程中，镜头将自动对准兴趣点。设置兴趣点的方法很简单，具体操作步骤如下。

步骤 01 进入航点规划界面，点击上方的“兴趣点”按钮，此时该按钮呈高亮显示，如图12-12所示。

图 12-12　点击“兴趣点”按钮

步骤 02 用手指在屏幕上的相应位置点击，即可添加兴趣点。可以任意添加多个兴趣点，以紫色的数字图标显示在地图上，如图12-13所示。当兴趣点设置完成后，需要在航点设置中“关联兴趣点”，在执行航线飞行的过程中，无人机的镜头朝向会按照航点设置的关联兴趣点一直对准兴趣点的方向。添加兴趣点后，点击兴趣点的数字，在打开的面板中可以设置兴趣点的属性和参数。

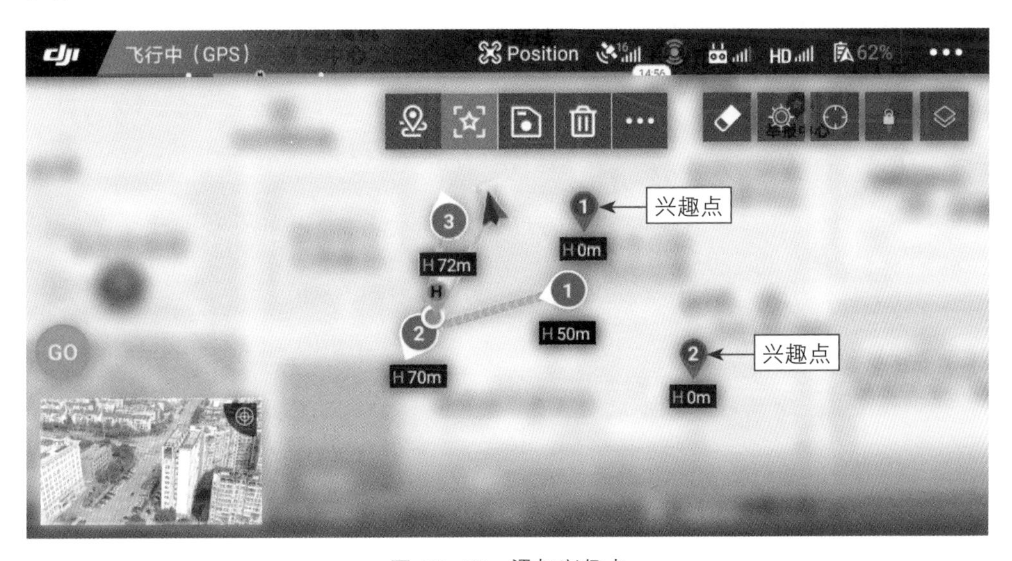

图 12-13　添加兴趣点

12.2.4 按照航点飞行无人机

规划好一系列的航点路线后，接下来即可按照航点飞行无人机，具体操作步骤如下。

步骤 01 在航点规划界面中，点击左侧的GO按钮，如图12-14所示。

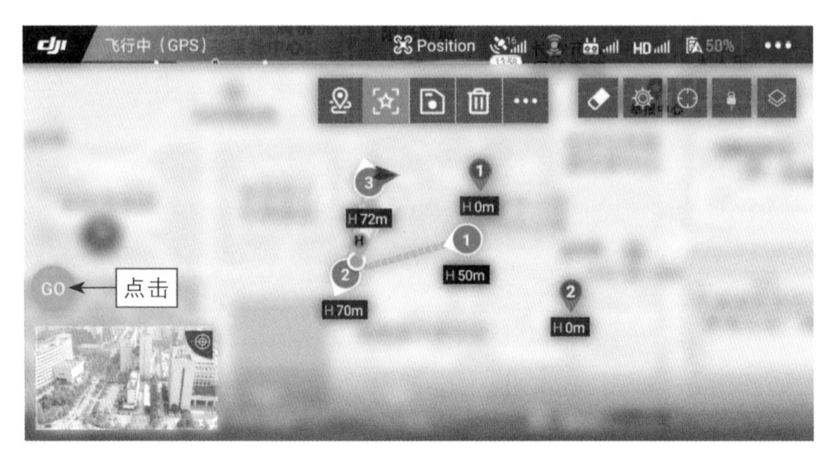

图 12-14 点击 GO 按钮

步骤 02 进入“任务检查”界面，在其中可以设置全体航点朝向、返航高度、航线类型及巡航速度等属性。确认无误后，点击下方的“开始飞行”按钮，如图12-15所示。

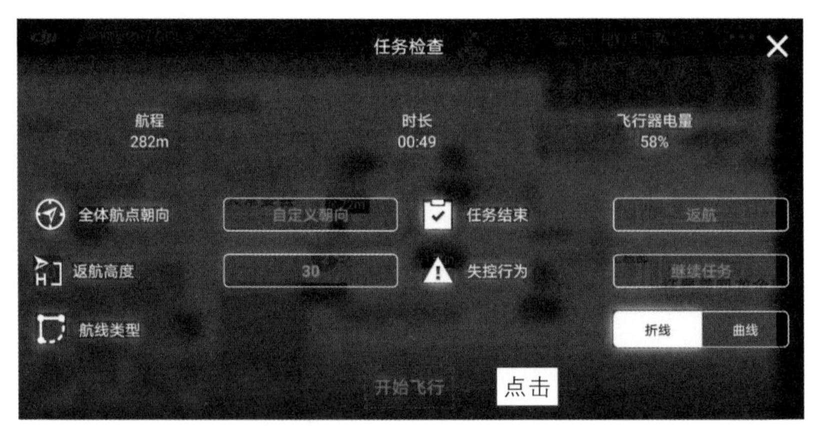

图 12-15 点击“开始飞行”按钮

步骤 03 执行操作后，无人机将飞往第 1 个航点的位置，如图 12-16 所示。当无人机到达第 1 个航点位置后，接下来将根据航线路径自动飞行，完成新的一轮拍摄。

图 12-16　无人机将飞往第 1 个航点的位置

12.3 保存、载入与删除航点信息

对于航点飞行路线，可以进行保存、载入与删除等操作，本节主要介绍管理航点飞行路线的具体操作方法。

12.3.1　保存航点飞行路线

规划好航点飞行路线后，可以将该路线保存，方便以后载入相同的飞行路线进行航拍。下面介绍保存航点飞行路线的具体操作方法。

步骤 01 在规划界面中设计好航点飞行路线，点击上方的设置按钮 …（也可以直接点击上方的“保存”按钮），如图12-17所示。

图 12-17　点击设置按钮

步骤 02 打开浮动面板，点击“保存任务”按钮，如图12-18所示。

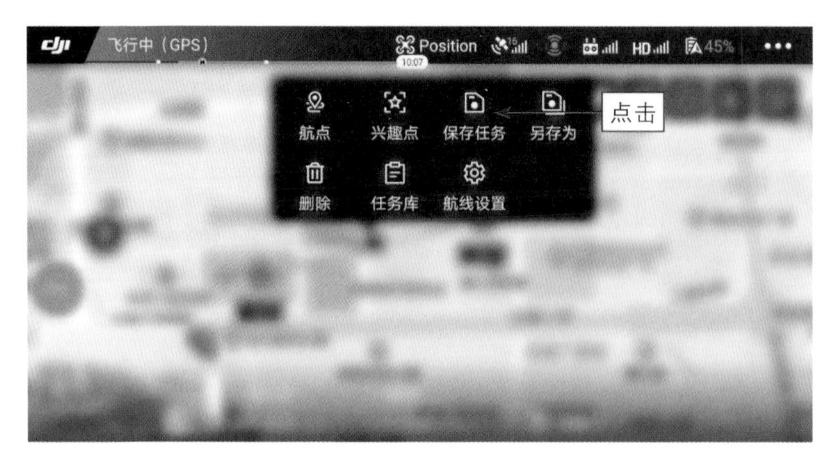

图 12-18　点击“保存任务”按钮

步骤 03 即可保存航点飞行路线，界面中提示“任务保存成功”信息，如图12-19所示。

图 12-19　界面中提示“任务保存成功”信息

12.3.2　载入航点飞行路线

一块电池只能飞行20分钟左右，当无人机的第一块电池用完后，换第二块电池重新起飞时，如果需要拍摄不同时间的视频，就可以载入保存的路线，再次飞行一遍原先的航线。下面介绍具体操作方法。

步骤 01 在规划界面中设计好航点飞行路线，点击上方的设置按钮，打开浮动面板，点击“任务库”按钮，如图12-20所示。

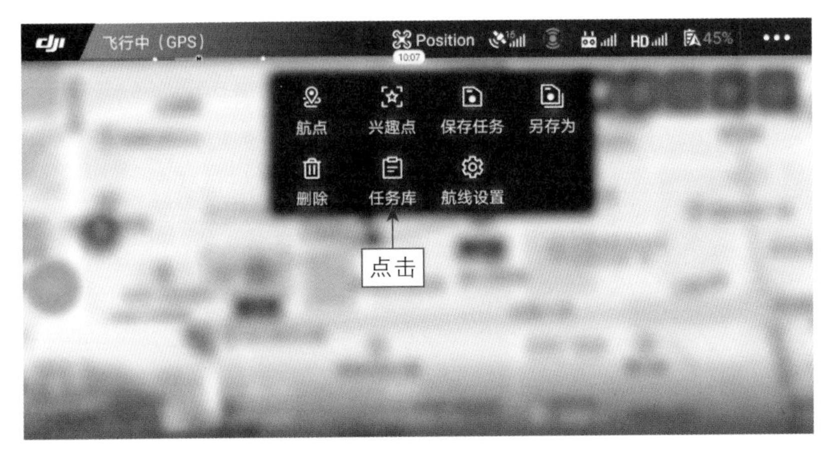

图 12-20　点击“任务库”按钮

步骤 02　进入“任务库”界面，其中显示了之前保存的飞行路线。选择一条飞行路线，点击右侧的“载入”按钮，如图12-21所示。执行操作后，即可载入航点飞行路线。

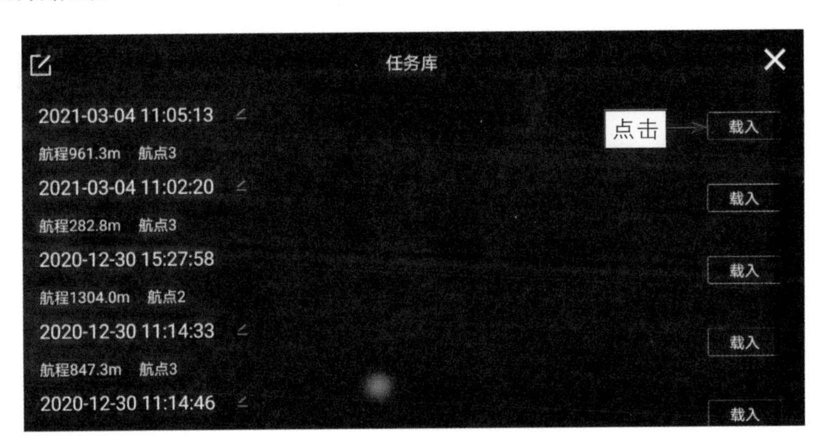

图 12-21　点击“载入”按钮

12.3.3　删除航点飞行路线

删除航点飞行路线时，分为两种情况，一种是删除所有的航点飞行路线，另一种是删除其中某个航点飞行路线。下面对这两种情况进行分别介绍。

1. 删除所有航点飞行路线

如果整条飞行路线都不需要了，就可以将其删除，下面介绍具体操作方法。

步骤 01　在规划界面中设计好航点飞行路线后，点击上方的“删除”按钮 ，如图 12-22 所示。

图 12-22　点击“删除”按钮

步骤 02 弹出提示信息框，提示用户是否删除所有航点及兴趣点，如图 12-23 所示，点击“确认”按钮，即可删除地图上的所有航点信息。

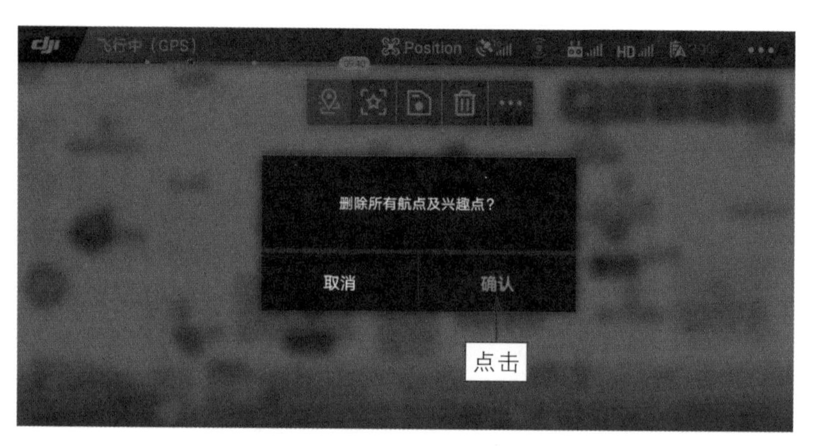

图 12-23　提示用户是否删除所有航点及兴趣点

2. 删除某个航点飞行路线

如果用户不想删除整条飞行路线，只是想删除其中某个航点信息，此时可以参照以下方法进行删除操作。

步骤 01 在航点规划界面中点击需要删除的航点，这里点击数字 3，如图 12-24 所示。

步骤 02 执行操作后，进入“航点 3”的详细规划界面，点击左上方的“删除”按钮，如图 12-25 所示。

步骤 03 执行操作后，即可删除“航点 3”的飞行路线，此时规划界面中只剩下了两个航点信息，如图 12-26 所示。

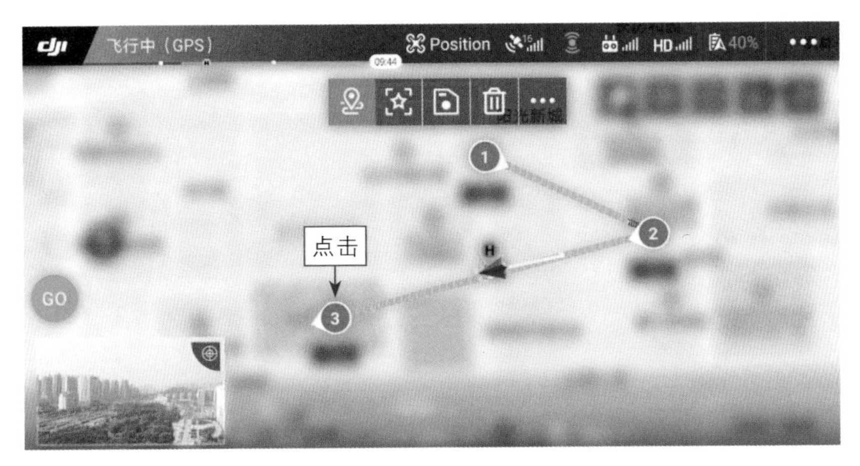

图 12-24　点击需要删除的航点

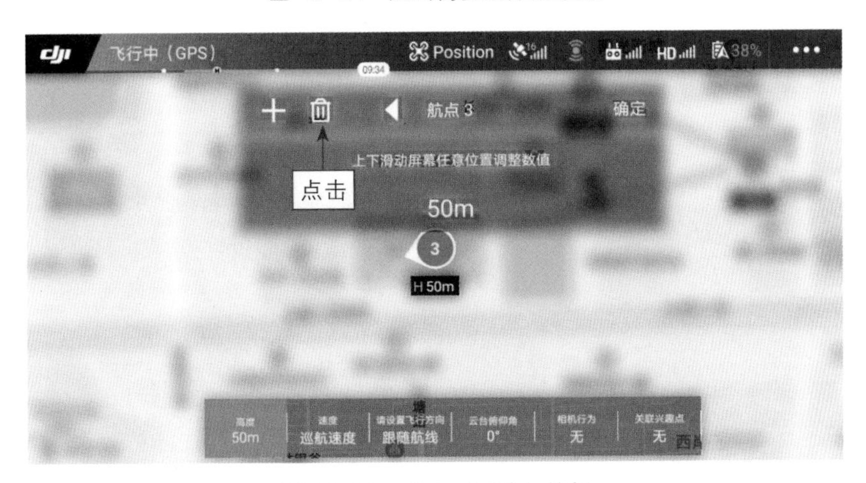

图 12-25　点击“删除”按钮

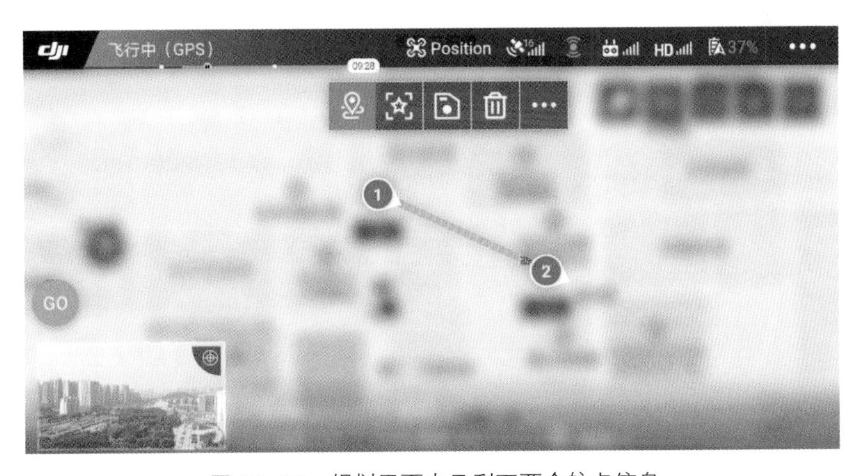

图 12-26　规划界面中只剩下两个航点信息

第 13 章
延时摄影：拍出精彩的延时风光大片

13.1 航拍延时的准备工作

延时摄影能够将时间大量压缩，通过串联或者抽掉帧数的方式，将在几个小时内拍摄的画面压缩到很短的时间内播放，从而呈现出一种视觉上的震撼感。大疆御2内置了延时拍摄功能，利用它即使是新手也可以轻松拍摄出科幻级的延时摄影大片。本节主要介绍航拍延时的相关注意事项参数设置技巧。

13.1.1 了解航拍延时的拍摄要点

航拍延时的最终效果是浓缩的视频，它具有以下几个特点。

① 它可以浓缩时间，航拍延时可以把航拍的20分钟视频在10秒内、甚至是5秒内播放完毕，展现时间的飞逝。

② 航拍延时的时候，推荐大家用照片的形式进行拍摄，然后通过后期合成，所需的容量要比记录20分钟的视频空间小很多，同时也为后期处理提供了空间。

③ 航拍延时的画质高，夜景快门速度可以延长至1s拍摄，轻松控制噪点。

④ 航拍延时可以长曝光，快门速度达到1秒后，车子的车灯和尾灯就会形成光轨。

⑤ 用户可以选择拍摄DNG格式的原片，后期调整空间大，相当于保留了一份可以媲美悟2 DNG序列高素质的航拍镜头。

对于航拍延时的拍摄要点，上海一位非常有名的航拍高手——机长，总结了下列几个经验技巧。

① 飞行高度一定要尽量高，距离最近拍摄物体有一定距离后，可以在一定程度上忽略无人机带来的飞行误差。

② 一定要采用边飞边拍的智能飞行模式拍摄，自动飞行远比停下来拍摄要稳定，也比手动操作要稳定。

③ 飞行速度一定要慢，一是为了使无人机在相对稳定的速度下拍摄，使画面不至于模糊不清；二是因为航拍延时要拍摄20分钟左右的时间，只有很慢的飞行速度才能使最终的视频播放速度恰当。比如拍摄一段旋转下降的延时视频，如果飞行速度太快的话，那么旋转的速度就会很快，最终的视频画面会让人感觉头晕。

④ 间隔越短越好，建议大家采取大疆御2延时航拍模式进行拍摄，可以达到2秒间隔拍摄DNG的能力，其他无人机只能通过手动按快门的方式来实现。

⑤ 避免前景过近，后景层次太多。无人机毕竟有误差，前景过近或后景层次太多都会影响后期的画面稳定性，无法修正视频抖动的情况。

⑥ 要熟悉无人机最慢可以接受的慢门速度，根据机长的测试，1.6s的快门速度延时清晰度就会急剧下降，建议快门速度控制在1s左右为佳。

13.1.2 做好航拍延时的准备工作

延时拍摄需要花费大量的时间成本，有时需要好几个小时才能拍出一段理想的片子。只有事先做好充足准备，才能更好地提高出片效率。下面介绍几项延时航拍前的准备工作。

① SD卡对于延时拍摄很重要，在连续拍摄的过程中，如果SD卡存在缓存问题，就很容易导致卡顿，甚至漏拍的情况。在拍摄前，最好准备一张大容量、高传输速度的SD卡。

② 设置好拍摄参数。笔者推荐使用M挡进行拍摄，拍摄中根据光线变化调整光圈、快门速度和ISO。

③ 建议打开保存原片设置。大疆御2在拍摄延时的时候，会自动保存一份DNG序列文件，给后期调整带来了更多空间，也可以制作出4K分辨率的延时视频效果。

④ 白天拍摄延时的时候，建议配备ND64滤镜，降低快门速度为1/8s，达到延时视频比较自然的动感模糊效果。

⑤ 建议用户采用手动对焦。对准目标自动对焦完毕后，切换至手动模式，避免拍摄途中焦点漂移，导致拍摄出来的画面不清晰。

13.1.3 保存RAW格式的序列原片

在航拍延时的时候，一定要保存延时摄影的原片，否则相机在拍摄完成后，只能合成一个1080p的延时视频，这个像素并不能满足使用需求，只有保存了原片，后期调整空间才会更大，制作出来的延时效果才会更好看。

下面介绍保存RAW原片的具体操作方法。

步骤01 在飞行界面中，❶点击右侧的“调整”按钮，进入相机调整界面；❷点击右上方的“设置”按钮，进入相机设置界面，如图13-1所示。

步骤02 ❶点击“保存延时摄影原片”右侧的开关按钮，开启该功能；❷在下方点击RAW格式，如图13-2所示，即可完成RAW原片的设置。拍摄完成的RAW原片可以在Photoshop或者Lightroom软件中进行批量调色与处理，使视频画面的效果更加符合用户需求，后期处理空间很大。

图 13–1　相机设置界面

图 13–2　点击 RAW 格式

13.1.4　了解4种延时摄影的模式

大疆御2自产品发布后，内置的延时功能就一直深受广大用户喜爱，内置延时拍摄并自带合成功能。笔者建议新手如果要学习航拍延时，先从大疆御2内置的延时功能开始学习，后续再根据拍摄需求增加自定义拍摄方法。

步骤 01　下面介绍进入“延时摄影”模式的操作方法。在DJI GO 4 App飞行界面中，点击左侧的“智能模式”按钮，在打开的界面中点击“延时摄影”按钮。

步骤02 进入“延时摄影”拍摄模式，下方提供了4种延时拍摄方式，如自由延时、环绕延时、定向延时及轨迹延时等，如图13-3所示。用户可根据需要选择相应的模式进行拍摄，每一种延时摄影模式都有不同的功能，在下一节内容中将进行详细介绍。

图 13-3 “延时摄影”拍摄模式

13.2 掌握 4 种延时的飞行技法

大疆御2总共包含4种飞行模式，如自由延时、环绕延时、定向延时及轨迹延时等，选择相应的拍摄模式后，无人机将在设定的时间内自动拍摄一定数量的照片，并生成延时视频。下面主要介绍“延时摄影”的4种飞行模式及拍摄视频的操作方法。

13.2.1 延时1：自由延时拍摄手法

在“自由延时”模式下，用户可以手动控制无人机的飞行方向、朝向、高度和摄像头俯仰。御Mavic 2的独特之处就在于加入了类似汽车定速巡航的功能，用户按遥控器背后的C1或者C2键，可以记忆当前的方向和速度，然后以记录的杆量继续飞行。

进入“延时摄影”拍摄模式，点击“自由延时”按钮，在下方设置拍摄间隔和视频时长，点击右侧的红色GO按钮，即可开始拍摄多张延时照片。待照片全部拍摄完成后，界面下方提示用户正在合成视频，表示这段自由延时视频拍摄完成了。下面来欣赏一段使用“自由延时”模式航拍的摄影作品，主要记录天空中云彩的变化，效果如图13-4所示。

图 13-4　使用“自由延时”模式航拍的摄影作品

13.2.2　延时2：环绕延时拍摄手法

“环绕延时”模式也是御Mavic 2特有的功能，依靠御Mavic 2强大的处理器和算法，无人机可以自动根据框选的目标计算环绕中心点和环绕半径，然后选择顺时针或者逆时针进行航拍延时拍摄。环绕延时在选择目标对象时，尽量选择视觉上没有明显变化的物体对象。下面介绍环绕延时的具体拍摄方法。

在DJI GO 4 App飞行界面中，点击左侧的“智能模式”按钮，在打开的界面中点击“延时摄影”按钮，进入“延时摄影”拍摄模式。在下方点击“环绕延时”按钮，在屏幕上框选目标对象，然后设置拍摄间隔和视频时长，点击右侧的红色GO按钮，此时无人机将以目标为中心自动计算环绕半径，随后开始拍摄，待拍摄完成后即可。

下面来欣赏一段使用“环绕延时”模式航拍的视频作品，效果如图13-5所示。

图 13-5 使用“环绕延时”模式航拍的视频作品

13.2.3　延时3：定向延时拍摄手法

“定向延时”模式会根据当前无人机的朝向设定飞行方向，如果不修改无人机的镜头朝向，无人机则向前飞行。下面介绍定向延时的具体拍摄方法。

在DJI GO 4 App飞行界面中，点击左侧的“智能模式”按钮，在打开的界面中点击“延时摄影”按钮，进入“延时摄影”拍摄模式。在下方点击“定向延时”按钮，在屏幕上框选目标对象，然后设置镜头的朝向，点击“锁定航向”按钮，锁定飞行航向。确认设置无误后，点击右侧的红色GO按钮，即可使用“定向延时”模式航拍延时视频。

下面来欣赏一段使用“定向延时”模式航拍的视频作品，效果如图13-6所示。

图13-6

图 13-6 使用"定向延时"模式航拍的视频作品

13.2.4　延时4：轨迹延时拍摄手法

使用“轨迹延时”拍摄模式时，可以在地图路线中设置多个航点，主要是设置画面的起幅和落幅。用户需要预先飞行一遍无人机，到达所需的高度和朝向后添加航点，记录无人机高度、朝向和摄像头角度。全部航点设置完毕后，可以按照正序或者倒序方式执行轨迹航拍延时。

步骤01 在DJI GO 4 App飞行界面中，点击左侧的“智能模式”按钮，在打开的界面中点击“延时摄影”按钮，进入“延时摄影”拍摄模式。在下方点击“轨迹延时”按钮，进入轨迹延时拍摄界面。先设置画面的起幅位置，这里以平房为起幅点，就是视频开始录制的画面，点击界面下方的“加号”按钮，如图13-7所示。

图13-7　点击“加号”按钮

步骤02 执行操作后，即可设置起幅点，下方显示了第1个航点信息。接下来升高无人机，寻找落幅点，找到落幅点之后，界面下方显示“镜头朝向变化”提示信息，右侧括号中显示“合适”两个字，表示这段轨迹延时可以拍摄成功；如果右侧显示“不合适”，则表示这段延时不能拍摄成功。此时，点击界面下方的“加号”按钮，如图13-8所示。

步骤03 执行操作后，即可设置落幅点，下方显示了第2个航点信息，笔者将落幅设置为整个城市的大景。接下来点击“正序”右侧的向右箭头，如图13-9所示。

图 13-8　点击“加号”按钮

图 13-9　点击向右箭头

步骤 04 打开相应面板，在其中可以设置视频的拍摄间隔和时长，选择“视频时长”选项，在下方滑动数字，选择10，表示拍摄时长设置为10秒，如图13-10所示。

图 13-10　设置拍摄时长为 10 秒

步骤 05 接下来保存这条轨迹路径，点击“确认”按钮，如图13-11所示。

图 13-11　点击“确认”按钮

步骤 06 执行操作后，界面中提示用户保存成功，再次飞行时要确保起飞点相同，如图13-12所示。

图 13-12　提示信息

步骤 07 将无人机飞到起飞点，点击左侧的“智能模式”按钮，在打开的界面中点击“延时摄影”按钮，进入“延时摄影”拍摄模式。在下方点击“轨迹延时”按钮，进入轨迹延时拍摄界面，点击界面左下角的“任务库”按钮，如图13-13所示。

步骤 08 打开“任务库”界面，❶在其中选择之前保存的轨迹延时路径；❷点击右侧的“载入”按钮，如图13-14所示。

图 13–13　点击“任务库”按钮

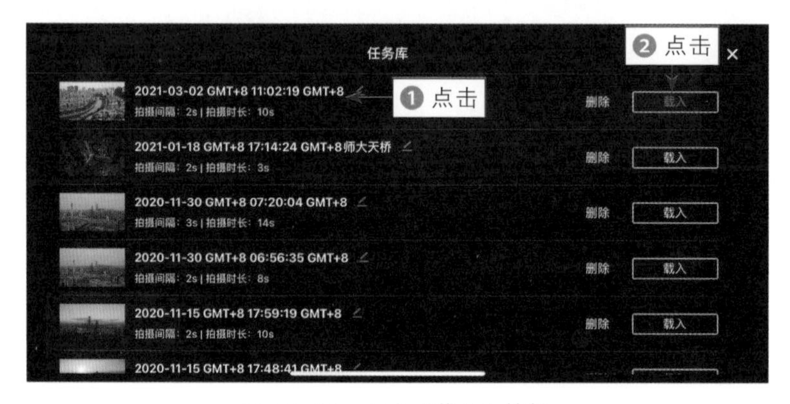

图 13–14　点击“载入”按钮

步骤 09 执行操作后，即可载入之前的轨迹点。在界面中点击GO按钮，无人机就会开始前往首个起飞点，即之前设置起幅的位置，然后自动开始拍摄轨迹延时视频。待无人机拍摄完成后，界面中会提示正在合成视频，如图13–15所示，表示这段轨迹延时拍摄完成了，接下来手动将无人机飞回来即可。

图 13–15　提示正在合成视频

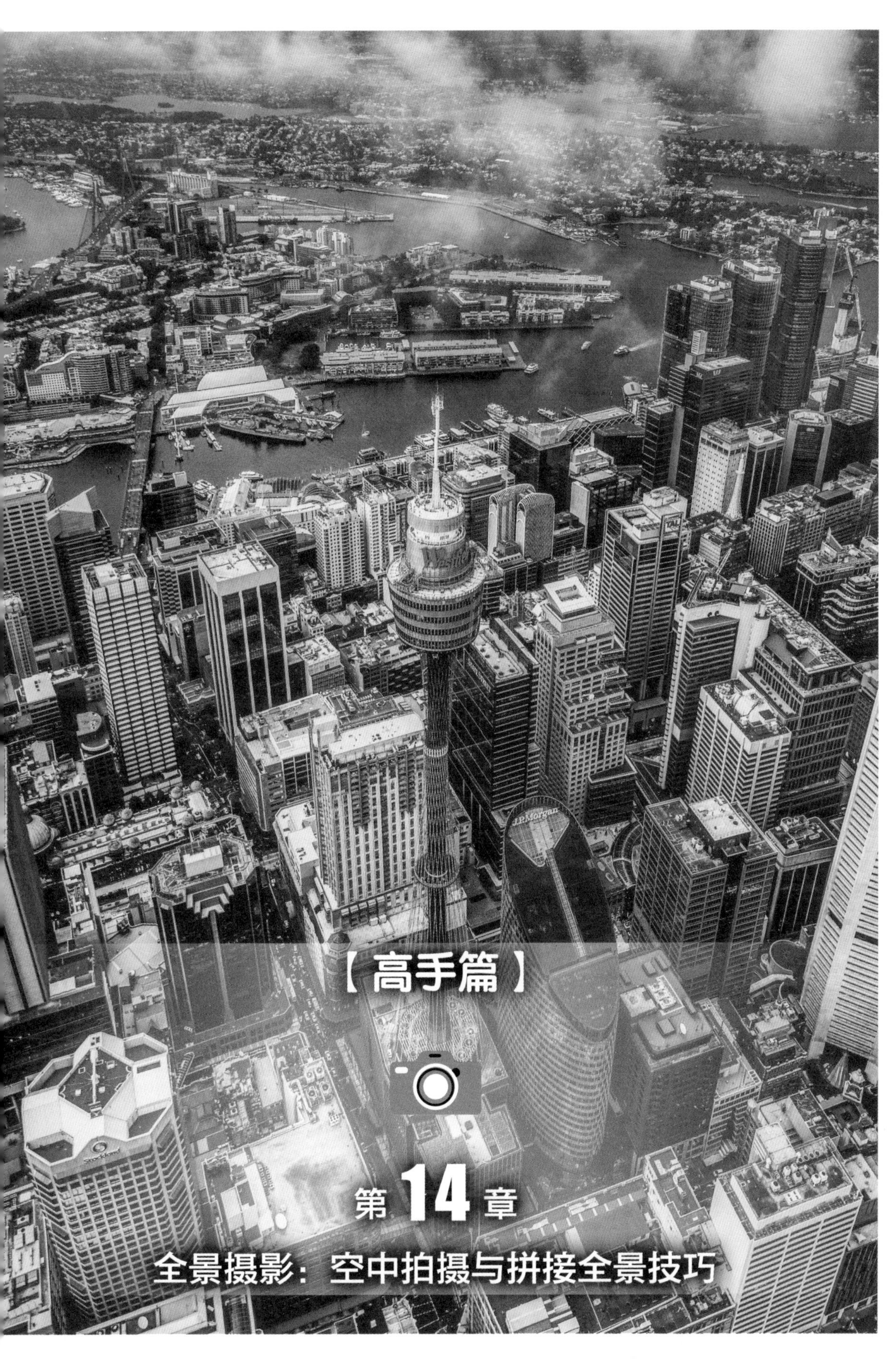

【高手篇】

第14章

全景摄影：空中拍摄与拼接全景技巧

14.1 使用无人机拍摄全景照片

所谓全景摄影，就是将所有拍摄的多张图片拼成一张全景图片。随着无人机技术的不断发展，可以利用无人机轻松拍摄出全景影像作品，并且非常方便地运用计算机进行后期拼接，任何人都可以尝试制作出视角惊人的全景作品。本节主要介绍拍摄全景照片的操作方法。

14.1.1 拍摄球形全景照片

球形全景是指无人机自动拍摄26张照片，然后进行自动拼接。拍摄完成后，用户在查看照片效果时，可以点击球形照片的任意位置，相机将自动缩放到该区域的局部细节，这是一张动态的全景照片。图14–1所示为笔者在柴达木盆地使用无人机拍摄的球形全景照片效果。

图 14–1　球形全景照片效果

在飞行界面中，点击右侧的“调整”按钮，进入相机调整界面，选择“拍照模式”选项，进入“拍照模式”界面，展开“全景”选项，点击“球形”按钮，即可拍摄全景照片。

14.1.2 拍摄180°全景照片

180°全景是指21张照片的拼接效果，以地平线为中心线，天空和地面各占照片的1/2。进入“拍照模式”界面，展开“全景”选项，点击180°按钮，即可拍摄180°全景照片。图14-2所示为笔者在南澳大利亚使用无人机拍摄的180°全景照片效果。

图14-2 180°全景照片效果

14.1.3 拍摄广角全景照片

无人机中的广角全景是指9张照片的拼接效果，拼接出来的照片尺寸呈正方形，画面中的元素同样以地平线为中心线进行拍摄。在飞行界面中，进入“拍照模式”界面，展开“全景”选项，点击“广角”按钮，即可拍摄广角全景照片。

图14-3所示为笔者在上海陆家嘴上空使用广角全景模式航拍的夜景效果。

图14-3 广角全景照片效果

14.1.4　拍摄竖拍全景照片

无人机中的竖拍全景是指3张照片的拼接效果。那么，什么时候才适合用竖拍全景构图呢？一是拍摄的对象具有竖向的狭长性或者线条性，二是展现天空的纵深并且其中有合适的点睛对象。

在飞行界面中，进入“拍照模式”界面，展开“全景”选项，点击“竖拍”按钮，即可拍摄竖幅全景照片。图14-4所示为笔者使用“竖拍”全景模式航拍的坝陵河大桥与鸭池河大桥，画面中的主体对象都具有狭长性特点，而且桥的近大远小透视关系极具视觉冲击力。

图 14-4　竖拍全景照片效果

14.2 全景照片的后期拼接技巧

前面几节介绍了使用无人机自带的“全景”功能拍摄全景照片的方法，这种拍摄方法的优点是简单、方便，缺点是这些照片全部由无人机自动拍摄，在拍摄中无法容纳更多想要表现的内容。因此，当大家对无人机操作熟练时，可以手动拍摄多张照片，然后进行全景拼接，从而得到理想的全景照片效果。

14.2.1 手动拍摄全景图片

手动拍摄全景图片，通常需要拍摄多张照片进行合成。因此，在拍摄前需要在脑海里想象一下到底需要多大的画面，把全景照片的拍摄张数确定好，然后再开始拍摄。根据所要拍摄的全景照片的尺寸规格来推算出大致的像素及需要的照片数量，同时也可以将镜头焦距确定好。通常情况下，可以多试拍一下，找到满足拼接质量的照片张数，实际拍摄时可以酌情增加拍摄的张数。

白天使用无人机拍摄全景照片时，可以放心地使用自动白平衡模式，后期对JPG或RAW格式的照片进行处理时，很容易设置为色调一致的白平衡。不过，在旋转云台相机镜头时，要尽可能地多留出一些重叠的部分，通常为1/3左右，这样后期软件在拼接时会自动计算重叠部分，截取中间最佳画质的画面，从而使全景照片的质量达到最优。

图14-5所示为笔者在长沙橘子洲上空航拍的多张JPG格式的全景照片，这些都需要通过Photoshop后期软件拼接之后，才能得到一张完整的全景照片。

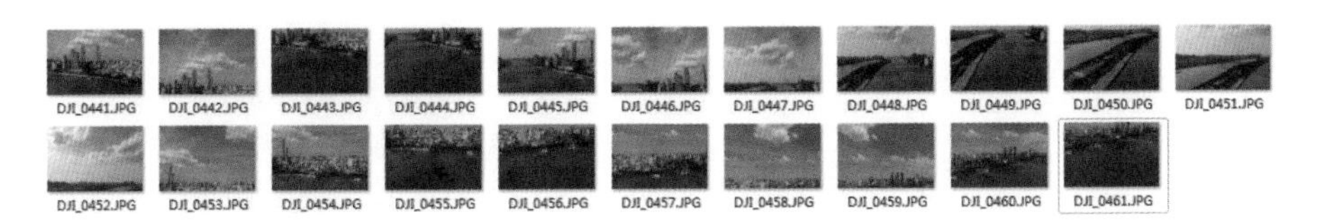

图 14-5　笔者在长沙橘子洲上空航拍的多张全景照片

14.2.2 使用Photoshop拼接全景图片

Photoshop简称PS，在前期拍摄时，要保证画面有30%左右的重合，这样照片才能接得上。下面介绍使用Photoshop拼接航拍全景图片的具体操作方法。

步骤01 打开Photoshop软件，在菜单栏中选择“文件”|“自动”|Photomerge命令，弹出Photomerge对话框，单击“浏览”按钮，如图14-6所示。

步骤02 弹出“打开”对话框，在其中选择需要接片的文件，如图14-7所示。

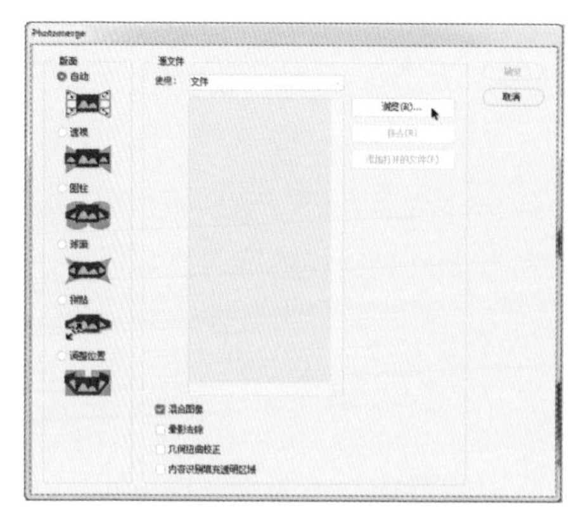

图 14-6 单击“浏览”按钮

图 14-7 选择需要接片的文件

步骤 03 单击“确定”按钮，在Photomerge对话框中可以查看导入的接片文件，单击“确定”按钮，如图14-8所示。

步骤 04 执行操作后，Photoshop开始执行接片操作，并拼接完成，如图14-9所示。

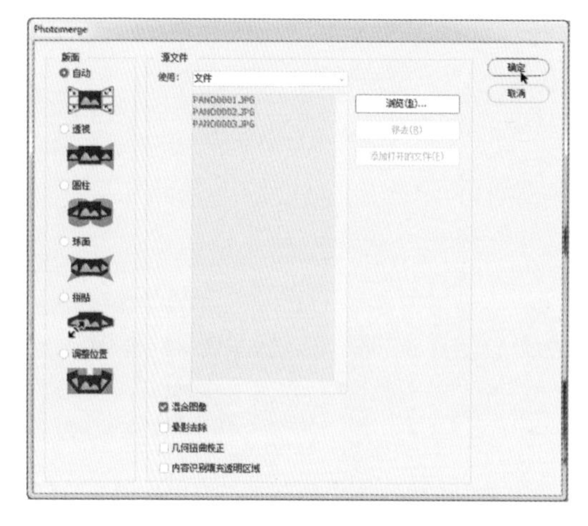

图 14-8 单击“确定”按钮

图 14-9 Photoshop 开始执行接片操作

步骤 05 使用裁剪工具裁剪照片中的多余部分。在“图层”面板中选择所有图层，单击鼠标右键，在弹出的快捷菜单中选择“合并图层”命令，合并所有图层。然后对照片进行调色处理，使照片的色彩更加炫丽、美观，效果如图14-10所示。

图 14-10　拼接完成的全景照片效果

14.2.3　制作360°全景小星球效果

本节主要讲解在PTGui软件中合成全景照片，然后在Photoshop软件中制作360°全景小星球的效果，帮助用户制作出极具个性化的航拍作品。

步骤 01　打开PTGui软件，❶单击左侧的“加载图像”按钮，弹出“添加图像”对话框；❷选择需要加载的照片；❸单击“打开”按钮，如图14-11所示。

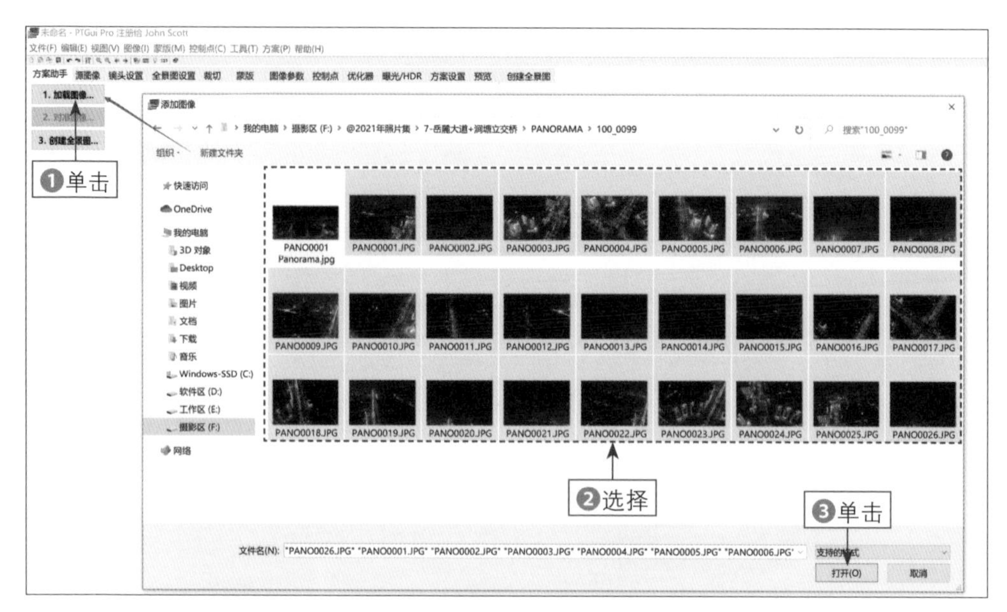

图 14-11 单击“打开”按钮

步骤 02 加载素材后，❶单击左侧的“对准图像”按钮，弹出“全景图编辑器”窗口；❷单击左侧的“创建全景图”按钮，如图14-12所示。

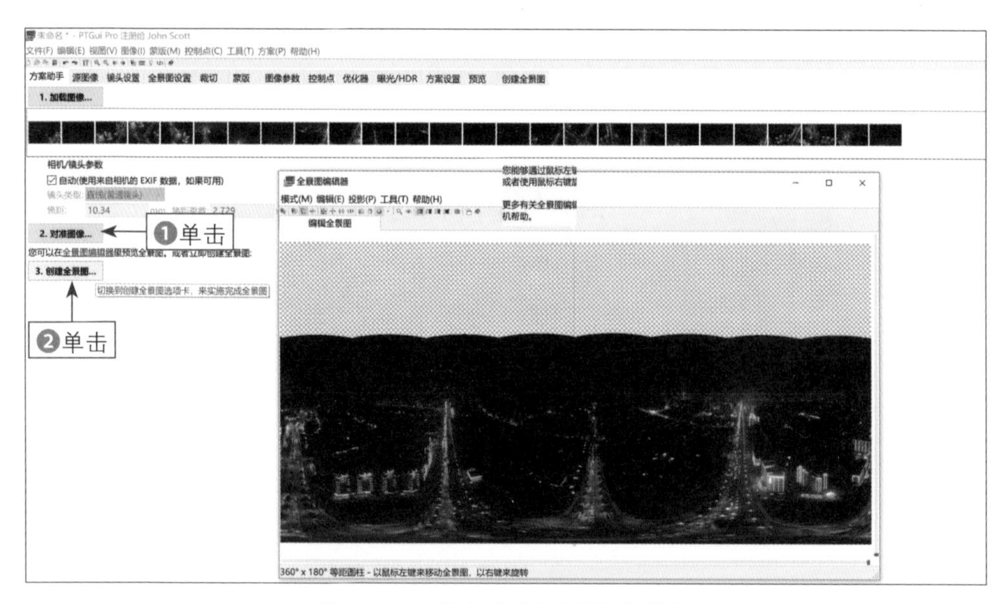

图 14-12 单击“创建全景图”按钮

步骤 03 打开相应设置面板，在其中设置全景照片的尺寸、格式及输出位置等，单击“创建全景图”按钮，如图14-13所示，即可创建全景照片。

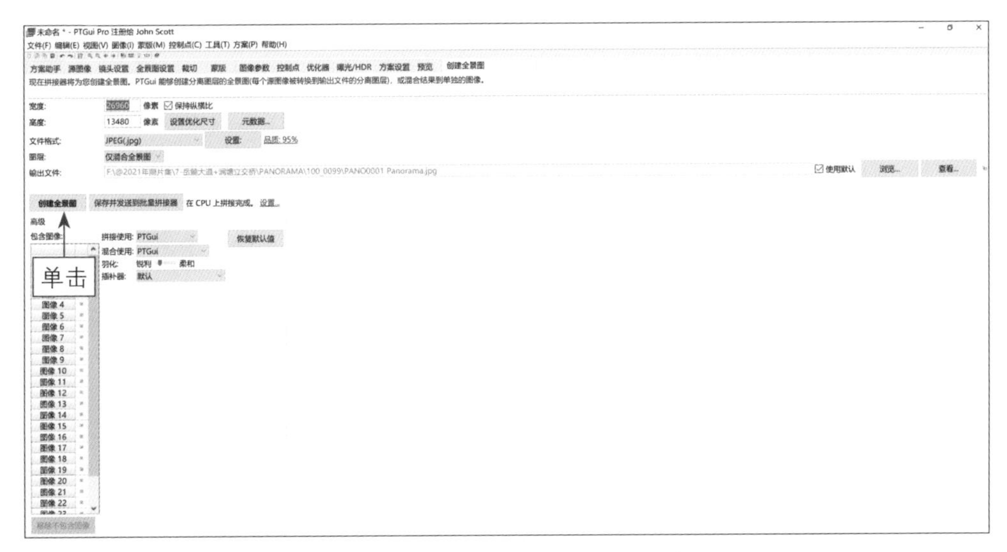

图 14-13　单击“创建全景图”按钮

步骤 04 在Photoshop中打开拼接完成的全景图，对照片进行裁剪与调色处理。选择“图像”|“图像旋转”|“垂直翻转画布”命令，对图像进行垂直翻转操作；选择“图像”|“图像大小”命令，弹出“图像大小”对话框，❶取消限制长宽比；❷设置“宽度”和“高度”均为4000像素；❸单击“确定”按钮，如图14-14所示。

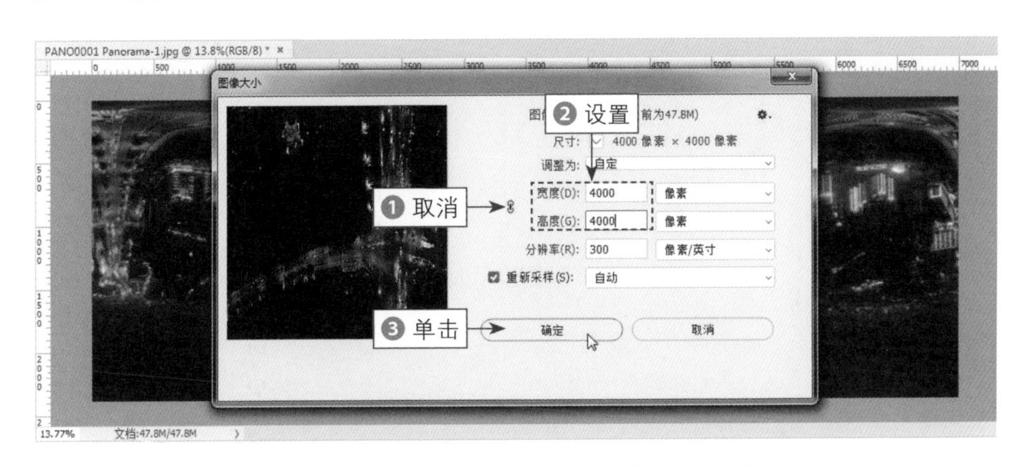

图 14-14　设置“宽度”和“高度”均为 4000 像素

步骤 05 执行操作后，此时照片会变成上下颠倒的正方形，如图14-15所示。

步骤 06 选择“滤镜”|“扭曲”|“极坐标”命令，弹出“极坐标”对话框，❶选中“平面坐标到极坐标”单选按钮；❷单击“确定”按钮，如图14-16所示。

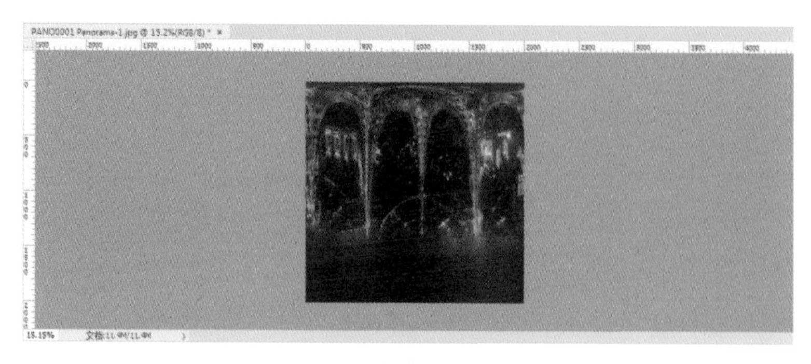

图 14-15　照片变成上下颠倒的正方形

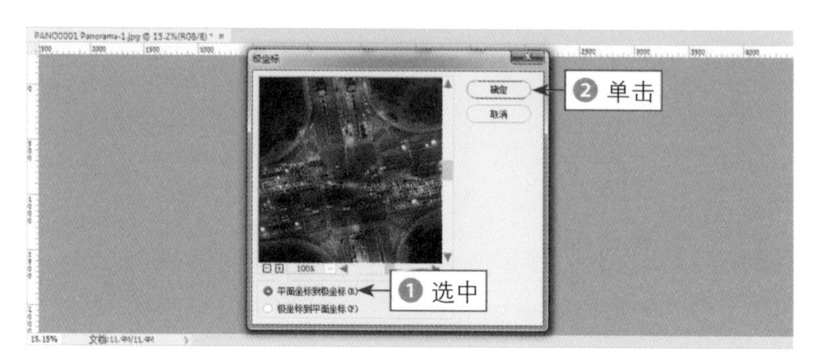

图 14-16　选中“平面坐标到极坐标”单选按钮

步骤07 执行操作后，即可制作360° 全景小星球效果，使用Photoshop中的相关工具微微调整拼接处的图像过渡效果，使画面更加自然，效果如图14-17所示。

图 14-17　制作 360° 全景小星球效果

14.2.4　制作动态全景小视频效果

720yun是一款VR全景内容分享软件，它的核心功能包含推荐、探索及制作全景小视频等。下面介绍使用720yun App制作动态全景小视频的具体操作方法。

步骤01 下载、安装并打开720yun App，点击下方的➕按钮，如图14–18所示。

步骤02 打开列表框，选择“发布全景图片”选项，如图14–19所示。

步骤03 进入“发布全景图片”界面，点击“本地相册添加”按钮，如图 14–20 所示。

图 14–18　点击相应按钮

图 14–19　选择“发布全景图片”选项

步骤04 打开“最近”界面，选择一张需要制作动态全景的素材，如图 14–21 所示。

图 14–20　点击“本地相册添加”按钮

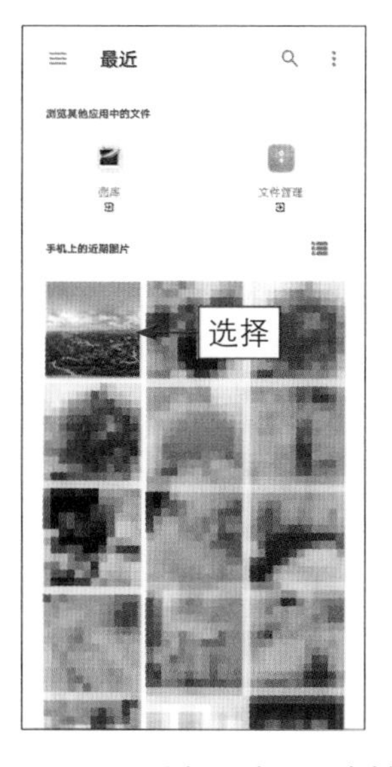

图 14–21　选择一张照片素材

步骤05 返回“发布全景图片”界面，设置作品的标题名称，如图 14–22 所示。

步骤 06 点击“发布”按钮，即可发布作品，并显示发布进度，如图14-23所示。

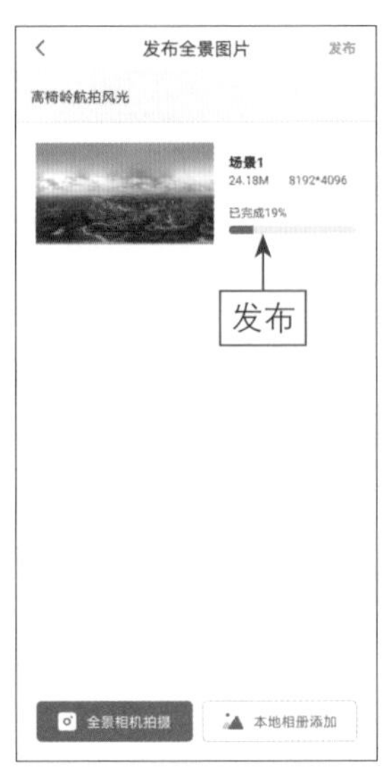

图 14-22 设置作品的标题名称　　图 14-23 显示作品发布进度

步骤 07 稍等片刻，即可预览发布完成的动态全景小视频，用手指滑动屏幕，即可查看各部分的画面效果，如图14-24所示。

图 14-24 预览发布完成的动态全景小视频效果

第15章
夜景视频：拍出城市中绚丽的灯光美景

15.1 航拍夜景的五大注意事项

绚丽的城市夜景让人感觉非常震撼，但夜景也是无人机航拍中的一个难点，稍微把握不好就拍不出理想的画质。夜间拍摄由于光线不佳，昏暗的光线容易导致画面偏黑，而且噪点还非常多。那么，如何才能稳稳地拍出绚丽的城市夜景呢？本节主要介绍航拍夜景的注意事项。

15.1.1 白天提前到相应位置踩点

夜间航拍光线会受到很大影响，当无人机飞到空中时，只能看到无人机的指示灯一闪一闪的，其他什么也看不见。

可能很多用户觉得夜景很美，特别是城市中穿流的汽车和灯光，很容易被美丽的夜景所吸引。在夜间起飞航拍前，一定要在白天检查好这个拍摄地点，查看上空是否有电线或者其他障碍物，以免造成无人机的坠毁，因为晚上的高空环境用肉眼看不见。如果光线过暗，此时可以适当调整云台相机的感光度和光圈值，从而增加图传画面的亮度。

★专家提醒★

因为夜间飞行无人机时，无人机的下视避障功能会受到影响，不能正常工作。如果通过调整感光度来增加画面亮度，能帮助用户更清楚地看清周围的环境，但是在拍摄前，一定要将感光度参数再调回来，调整为正常状态，以免拍摄的画面出现过曝的情况。

15.1.2 拍摄时将飞行器前臂灯关闭

默认情况下，飞行器前臂灯显示为红灯。夜间拍摄时，前臂灯会对画质产生干扰和影响，所以在夜间拍摄照片或者视频时，一定要把前臂灯关闭。

关闭前臂灯的方法非常简单，在DJI GO 4 App中点击“通用设置”按钮•••，进入“通用设置”界面，在“飞控参数设置”界面中选择“高级设置”选项，如图15-1所示。

进入“高级设置”界面，关闭“打开机头指示灯”右侧的按钮，使其呈黑色状态，如图15-2所示，即可关闭飞行器前臂灯。当用户拍摄完成后，一定要记得打开机头前臂灯，否则会影响无人机的飞行安全。打开机头前臂灯之后，也方便用户在黑暗的天空中快速找到无人机的位置。

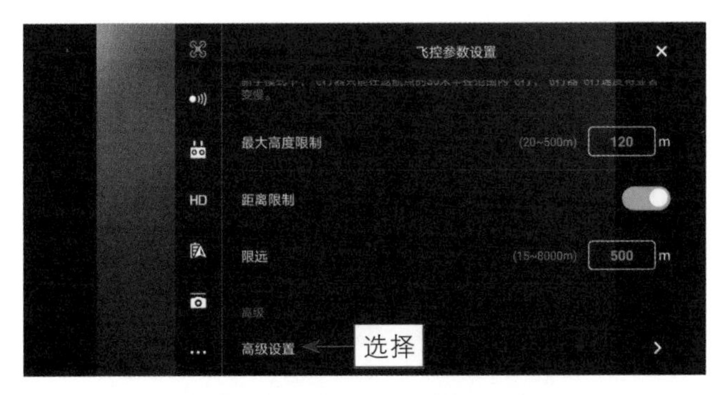

图 15-1　选择“高级设置”选项

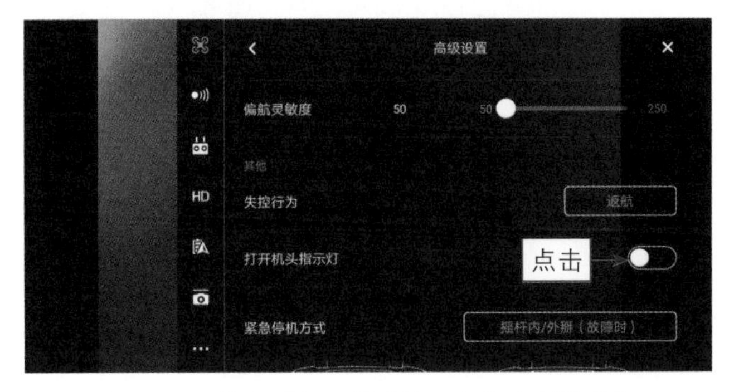

图 15-2　关闭“打开机头指示灯”右侧的按钮

15.1.3　适当调节云台的拍摄角度

拍摄夜景时，如果发现云台相机有些倾斜，可以通过“云台微调”功能来调整云台的角度，使云台回正。调节云台的方法很简单，在DJI GO 4 App中点击“通用设置”按钮•••，进入“通用设置”界面，在“云台”界面中选择“云台微调”选项，如图15-3所示。

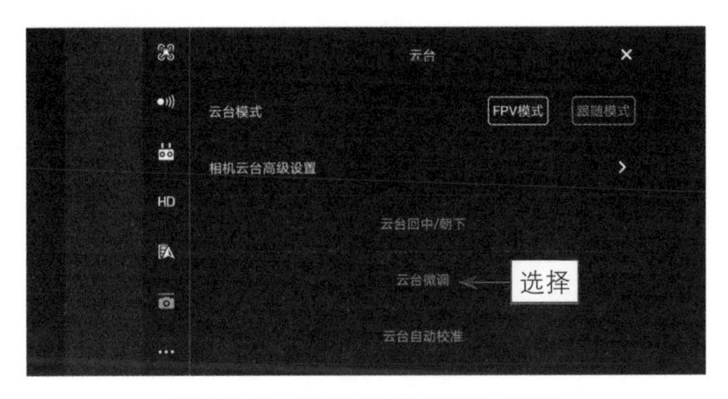

图 15-3　选择“云台微调”选项

此时，图传界面中弹出提示信息框，提示用户可以进行水平微调和偏航微调，选择相应的功能对云台进行微调即可，如图15–4所示。

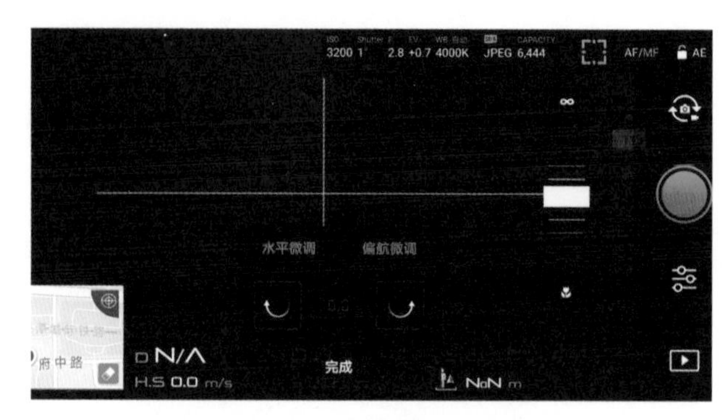

图 15–4　弹出提示信息框

15.1.4　设置画面的白平衡校正色彩

白平衡，通过字面上的理解就是白色的平衡，它是描述显示器中红、绿、蓝三基色混合生成后白色精确度的一项指标。通过设置白平衡，可以解决画面色彩和色调处理的一系列问题。

在无人机的视频设置界面中，用户可以通过设置视频画面的白平衡参数，使画面产生不同的色调效果。下面主要向读者介绍在设置界面中设置视频白平衡的具体操作方法，主要包括阴天模式、晴天模式、白炽灯模式、荧光灯模式及自定义模式等。

进入飞行界面，❶点击右侧的“调整”按钮，进入相机调整界面；❷切换至“录像”选项卡；❸选择“白平衡”选项，如图15–5所示。

图 15–5　选择“白平衡”选项

进入“白平衡”界面，默认情况下，白平衡参数为“自动”模式，由无人机根据当前环境的画面亮度和颜色自动设置白平衡参数，如图15-6所示。

图 15-6　默认为“自动”模式

在无人机相机设置中，用户还可以根据不同的天气和灯光效果，自定义设置白平衡的参数，使拍摄出来的画面更加符合用户的要求。自定义白平衡参数的方法很简单，只需在“白平衡”界面中选择“自定义”选项，在下方拖曳自定义滑块，即可自定义白平衡参数。在具体的设置过程中，可以根据当前拍摄环境的光线进行调整。

15.1.5　设置ISO、快门与光圈参数

在航拍夜景时，可以通过调整ISO感光度将曝光和噪点控制在合理范围内。需要注意的是，夜间拍摄时，感光度越高，画面噪点就越多。

在光圈参数不变的情况下，提高感光度能够使用更快的快门速度获得同样的曝光量。感光度、光圈和快门是拍摄夜景的三大参数，到底多大的ISO值才适合拍摄夜景呢？答案是要结合光圈和快门参数来设置。一般情况下，感光度参数值建议在ISO 100 ~ ISO 200之间，ISO参数值最高不要超过400，否则对画质的影响会很大，如图15-7所示。

快门速度是指控制拍照时的曝光时长，夜间航拍时，如果光线不太好，可以通过加大光圈、降低快门速度，来提高画面的整体亮度，使夜景灯光更加绚丽多彩，如图15-8所示。

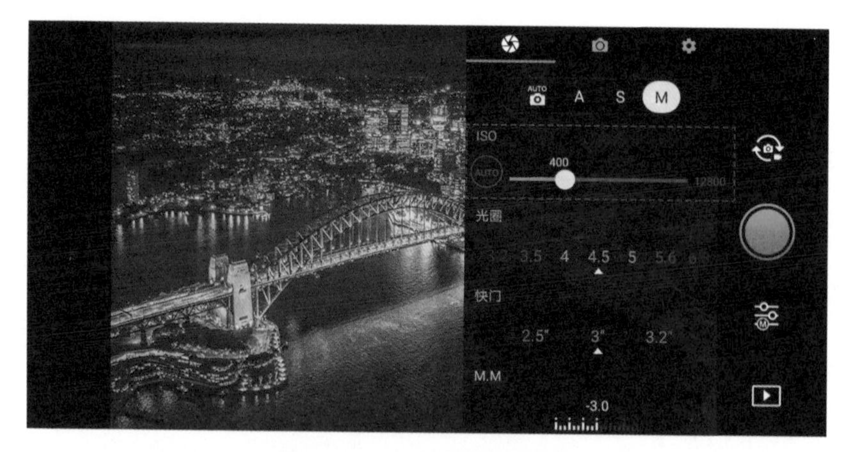

图 15-7　设置感光度参数值

图 15-8　加大光圈并降低快门速度，提高画面整体亮度

15.2 航拍夜景视频的两种技巧

设置好一系列曝光参数后，接下来就可以航拍夜景视频了。本节主要介绍航拍夜景视频的两种技巧，希望读者熟练掌握本节内容。

15.2.1　使用“纯净夜拍”模式航拍夜景

无人机中有一种拍摄模式是专门用于夜景航拍的，即“纯净夜拍”模式。利用这种模式拍摄出来的夜景效果非常不错，相当于华为P40手机中的“超级夜景”模式，如图15-9所示。

图 15-9　“纯净夜拍”模式

有些建筑物在夜晚会被打上一些人造灯光效果，意境非常唯美，此时使用“纯净夜拍”模式可以拍出唯美的夜景效果，如图15-10所示。但需要白天提前踩好点，看看天空中有没有电线，或者周围有没有电线杆，从而排除这些影响飞行安全的因素。

图 15-10　建筑物加上人造灯光之后的夜景效果

15.2.2 使用“竖拍全景”模式航拍夜景

在拍摄城市夜景时，也可以采用竖画幅全景来拍摄，拍出来的画面可以带给观赏者一种向上下延伸的视觉感受，使画面更具吸引力，如图15-11所示。

图 15-11 采用竖画幅全景拍摄的城市夜景

第 16 章

影视镜头：拍出电影级视觉大片效果

16.1 了解影视剧的制作与拍摄

在航拍影视镜头之前，需要了解影视剧的制作流程，以及影视剧本的拍摄计划，掌握这些基本内容后，才能更好地拍摄影视剧画面。

16.1.1 了解影视剧的制作流程

一部电影或者电视剧的制作流程主要包括3个阶段：前期准备阶段、实战拍摄阶段和后期剪辑阶段。下面以图解的方式进行解析，如图16-1所示。

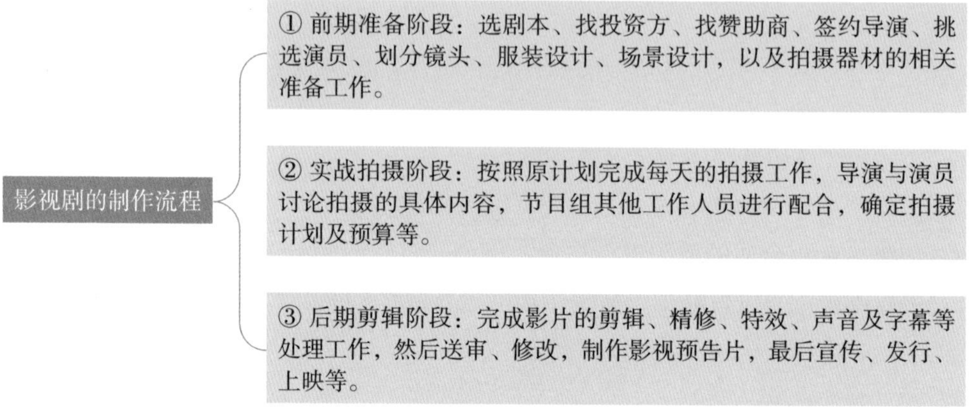

影视剧的制作流程

① 前期准备阶段：选剧本、找投资方、找赞助商、签约导演、挑选演员、划分镜头、服装设计、场景设计，以及拍摄器材的相关准备工作。

② 实战拍摄阶段：按照原计划完成每天的拍摄工作，导演与演员讨论拍摄的具体内容，节目组其他工作人员进行配合，确定拍摄计划及预算等。

③ 后期剪辑阶段：完成影片的剪辑、精修、特效、声音及字幕等处理工作，然后送审、修改，制作影视预告片，最后宣传、发行、上映等。

图 16-1 影视剧的制作流程

现今，随着无人机技术的不断成熟，无人机航拍不仅用于实战拍摄阶段，也用于前期准备阶段。当节目组设计了一些拍摄场景后，可以使用无人机进行高空可视化预览，降低导演、摄影指导及置景等工作人员的沟通成本，提高电影或者电视剧的拍摄效率。

16.1.2 了解影视剧本的拍摄计划

使用无人机航拍电影或者电视剧之前，需要先理解剧本，明白剧本想要表达的意境。摄影组需要判断在这一场戏中，需要使用什么样的镜头去拍，是采用近景、中景还是远景？阅读剧本时，要理解每一场戏的核心内容，想要表达什么样的情绪，需要在哪些场景下拍摄更能渲染观众的情感？这些，都要通过剧本内容来获取相关信息。

以某剧本片段为例：

"24、贡嘎雪山下　　白天　　外景"

芳泽是一个很喜欢旅行的人，一路自驾游，赶了好几天的路，终于开车到了贡嘎雪山下。她站在一处高地，俯瞰周围美不胜收的风景，觉得一路上的艰辛都值得了。在这样的美景下，芳泽张开了双手，闭上了眼睛，静静地感受着高原的气息。

① 最上面的剧本片段"24"是场号，表示这是第24场戏。

②"贡嘎雪山下"表示影视剧的拍摄场景。

③"白天"表示白天拍摄。

④"外景"表示在室外拍摄。

之后的文字部分是剧本的正文内容，也是拍摄的主体部分。

①"芳泽是一个很喜欢旅行的人，一路自驾游，赶了好几天的路，终于开车到了贡嘎雪山下。"通过这句话的内容，航拍团队可以对画面进行预演，选用合适的镜头进行拍摄。例如，汽车行驶在雪域高原上，无人机可以围绕汽车进行航拍，从多个角度进行跟踪拍摄。

②"她站在一处高地，俯瞰周围美不胜收的风景，觉得一路上的艰辛都值得了。在这样的美景下，芳泽闭上了眼睛，张开了双手，静静地感受着高原的气息。"这句话可以采用航拍的手法进行拍摄，航拍团队可以对画面进行预演，例如无人机围绕芳泽进行360°航拍，主角是芳泽，以雪域高原为背景，让观众看到芳泽当时所处的环境。

16.2 航拍影视剧中的人物对象

航拍人物对象时，主要有3种常见场景，第1种是人物在驾驶摩托车，无人机在后面跟拍；第2种是人物在静静地欣赏风光，无人机围绕人物进行360°航拍；第3种是近景航拍人物行走的画面，本节主要针对这3种场景进行航拍讲解。

16.2.1 一直往前的镜头航拍人物

人物在荒无人烟的公路上驾驶摩托车，此时无人机可以在人物后面跟拍，如图16–2所示。可以采用一直往前的飞行手法或者智能跟随模式进行拍摄。

图 16–2　一直往前的镜头航拍人物

16.2.2　360° 环绕镜头航拍人物

当人物站在高处欣赏风景时，无人机可以对人物进行360° 航拍，展现人物周围的环境美景，如图16–3所示，这样的视频画面让人感觉十分震撼。

图 16–3　360° 环绕镜头航拍人物

16.2.3　近景半环绕镜头航拍人物

当人物在沙漠上行走时，无人机可以通过近景的取景方式围绕人物对象进行半环绕航拍，既体现出人物行走的细节，也展现出了周围的环境，如图16–4所示。

图 16–4　人物在沙漠上往前行走

16.3 航拍影视剧中的大场景

大场景能给人的视觉带来一种非常震撼的感觉，无人机以上帝的视角俯拍时，很容易拍出大场景画面。本节主要介绍3种常见的大场景拍摄手法，希望用户能够熟练掌握。

16.3.1 后退拉高镜头体现大场景

首先以近景的方式展现画面，然后无人机倒退飞行，并逐渐拉高画面，展现出当时拍摄的大环境，如图16–5所示。

图 16–5 后退拉高镜头体现大场景

16.3.2　俯视向前镜头航拍大场景

俯视向前的航拍镜头可以使前景不断地展现在眼前，能带给观众新鲜感。如果将无人机飞行到一定的高度，镜头中将能容纳更多内容，使视频画面更加丰富。图16-6所示为笔者在海边城市航拍的一段俯视向前的视频画面，体现出了海边城市的大环境。

图 16-6　俯视向前镜头航拍大场景

16.3.3 侧飞镜头航拍城市大场景

在城市上空航拍时，经常会采用侧飞的镜头来拍摄，这样可以拍出更多的城市建筑群，体现出城市的辽阔感。图16-7所示为无人机向左侧飞行的航拍镜头，体现出了广州这座城市的大环境及城市中的建筑风光。

图 16-7　侧飞镜头航拍城市大场景

16.4 航拍影视剧中的城市建筑

在拍摄一些现代剧时，城市建筑是不可或缺的一个元素，那么城市建筑应该如何拍才能体现出它的恢宏与震撼呢？本节主要讲解影视剧中城市建筑的航拍技巧。

16.4.1 俯视环绕航拍城市建筑

首先，无人机以俯视的角度由远及近飞向建筑主体；当飞行到建筑上空时，开始逐渐下降无人机，直至平视建筑；再围绕建筑进行360° 环绕拍摄，拍出建筑侧面的细节与形态，以及建筑四周的环境，如图16-8所示。

图 16-8　俯视环绕镜头航拍城市建筑

16.4.2 固定延时航拍城市建筑

将无人机飞至城市上空，停在地标建筑的前方，将镜头对准建筑，然后航拍固定延时视频，可以拍出建筑周围云海涌动的大场景，画面十分具有吸引力，如图16-9所示。

图 16-9 固定延时镜头航拍城市建筑

16.4.3　从下往上航拍城市建筑

将无人机的镜头对准建筑，从建筑的下方往上进行航拍，可以拍出建筑的整个全貌，还能展现出建筑周围的大环境，如图16-10所示。

图 16-10　从下往上镜头航拍城市建筑

第 17 章

商业视频：航拍震撼的汽车广告效果

17.1 掌握汽车视频的拍摄事项

在航拍汽车时，尽量多拍摄一些汽车飞驰的画面，并从不同的角度全方位拍摄汽车场景，既能体现出汽车的动感与速度，还能聚焦观众的视线。本节主要介绍航拍汽车的相关注意事项，帮助用户拍出满意的汽车广告视频。

17.1.1 尽量多拍汽车飞驰的场景

航拍行驶中的汽车能使画面更具有吸引力，将无人机飞得高一点，以俯视的方式进行跟踪拍摄，可以使用智能跟随模式锁定汽车进行航拍，如图17-1所示。

图 17-1　航拍汽车飞驰的场景

17.1.2 从不同的角度进行分解拍摄

一般来说，在拍摄汽车广告时，尽量从多个不同的角度、不同的距离、不同的飞行速度来航拍汽车，360° 全方位展现汽车的质感和光泽，才能体现出汽车的运动感，这样拍摄出来的视频广告才更具视觉冲击力，如图17–2所示。

图 17–2 从不同的角度进行分解拍摄

17.2 掌握汽车广告的多种拍法

汽车广告应该如何拍才能具有商业价值，才能吸引消费者的眼球呢？本节主要介绍6种汽车广告的航拍技巧，帮助用户提升商业视频的航拍水平。

17.2.1 垂直90° 旋转俯拍汽车

将无人机飞至高空中，然后将镜头垂直90° 朝下旋转俯拍，可以拍出汽车当时所处的大环境，并记录汽车行驶的轨迹，大场景的视觉效果更加震撼，如图17–3所示。

图 17–3　垂直 90° 旋转俯拍汽车

17.2.2 俯视向前飞行航拍汽车

将无人机飞至汽车侧边，然后俯视向前飞行，飞行时适当调整云台的俯仰角度，让镜头一直锁定汽车，这样的视频画面能够聚焦观众的视线，使观众更有代入感，如图17–4所示。

图 17–4 俯视向前飞行航拍汽车

17.2.3　从后面近景跟踪航拍汽车

将无人机飞至汽车的后面，镜头平视前方的汽车，当汽车往前面行驶时，无人机在后面跟踪拍摄，使用“平行”智能跟随模式进行航拍，给人一种汽车被跟踪的感觉，使画面更具故事性，如图17–5所示。

图 17–5　从后面近景跟踪航拍汽车

17.2.4 后退并逐渐拉高航拍汽车

使用后退并逐渐拉高镜头的航拍方式，可以展现出汽车所处的大环境，因为汽车一直在行驶中，无人机在后退的同时向左侧飞，并逐渐拉高镜头，此时画面中的前景也一层一层地被展现出来，能给观众带来新鲜感，如图17–6所示。

图 17–6　后退并逐渐拉高航拍汽车

17.2.5　对汽车进行360°环绕航拍

对汽车进行360°环绕航拍，可以360°无死角地展现出汽车当时所处的大环境，从各个不同的角度去欣赏汽车的形态与质感。用户可以使用“兴趣点环绕”智能飞行模式来360°航拍汽车，如图17-7所示。

图 17-7

图 17–7　对汽车进行 360° 环绕航拍

17.2.6　使用“一镜到底”跟拍汽车

可以运用“一镜到底”的航拍方式来拍摄行驶中的汽车，展现出一个连续的长镜头。用户需要具有一定飞行经验，才能拍出流畅的长镜头效果，这种画面更能吸引观众的眼球，也具有很强的视觉冲击力。视频拍摄效果如图17–8所示。

图 17-8　使用"一镜到底"跟拍汽车

【后期篇】

第 18 章

自带后期：使用 DJI GO 4 剪辑视频

18.1 使用“影片－自动编辑”模式剪辑视频

在DJI GO 4 App的“编辑器”界面中，“影片-自动编辑”模式适合新手用户。用户选择视频素材后，DJI GO 4软件就会根据音乐长度和节奏自动剪辑。下面介绍使用“影片-自动编辑”模式剪辑视频片段的操作方法，希望读者熟练掌握本节内容。

18.1.1 导入多段视频素材

在编辑视频素材之前，首先需要导入多段视频素材。下面介绍具体操作方法。

步骤 01 从手机桌面启动DJI GO 4 App，点击下方的“编辑器”按钮，在界面中选择“创作”选项卡，然后点击“影片-自动编辑”按钮，如图18-1所示。

步骤 02 进入“视频”素材库，❶选择需要编辑的多个视频文件；❷点击“创建作品”按钮，如图18-2所示。

图 18-1　点击“影片－自动编辑”

图 18-2　选择多个视频并点击“创建作品”按钮

步骤 03 进入视频编辑界面，DJI GO 4 App自动对视频进行剪辑操作，将视频分割为多个小片段，并为视频添加了背景音乐，如图18-3所示。

图 18–3 自动对视频进行剪辑操作

18.1.2 替换之前的视频片段

如果用户对于某一段素材不满意，还可以对素材进行替换操作，具体操作方法如下。

步骤 01 在上一例的基础上，选择需要替换的视频素材，如图18–4所示。

步骤 02 激活“视频”素材库，❶在界面下方可以选择相应的视频素材进行替换；❷点击“确定”按钮，如图18–5所示，完成替换操作。

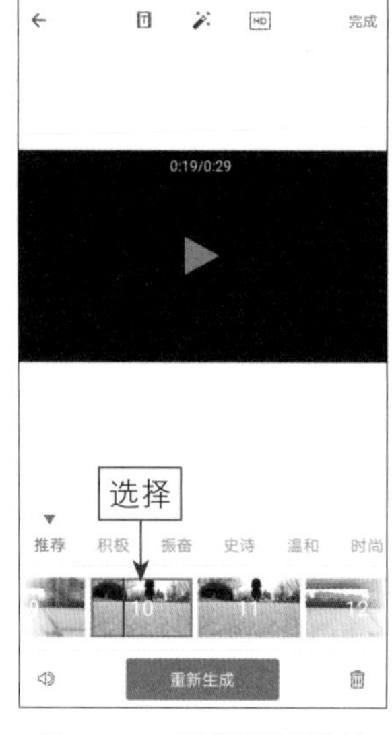

图 18–4 选择视频素材

图 18–5 选择要替换的视频并点击“确定”按钮

18.1.3 为视频添加滤镜效果

为视频添加滤镜效果可以对画面进行美化，下面介绍添加滤镜效果的具体操作方法。

步骤 01 在上一例的基础上，在界面上方点击第2个图标，打开滤镜，对视频画面套用滤镜调色，如图18-6所示。

步骤 02 视频编辑完成后，点击“重新生成”按钮，再点击“完成”按钮，进入输出界面，显示视频输出进度，如图18-7所示。待视频输出完成后，进入分享界面，可以将视频分享至各大媒体平台。

图 18-6 套用滤镜调色

图 18-7 显示输出进度

18.2 使用“影片 - 自由编辑”模式剪辑视频

在DJI GO 4 App的“编辑器”界面中，“影片-自由编辑”模式适合高级用户。用户可以像使用专业剪辑软件一样对原素材进行裁剪、重新编排、调色和配乐等操作。本节主要介绍使用“影片-自由编辑”模式剪辑视频素材的操作方法。

18.2.1 导入航拍视频素材

在剪辑视频之前，首先需要将视频素材导入DJI GO 4 App中。下面介绍导入视频的具体操作方法。

步骤01 从手机桌面启动DJI GO 4 App，点击下方的“编辑器”按钮，如图18-8所示。

步骤02 进入“创作”界面，点击“影片-自由编辑”按钮，如图18-9所示。

图 18-8　点击“编辑器”按钮

图 18-9　点击“影片－自由编辑”按钮

步骤03 进入“选择项目”界面，在“视频”选项卡中显示了当天拍摄的视频素材，如图18-10所示。

步骤04 ❶选择某个视频素材，此时素材缩略图左上角显示一个蓝色的✓图标；❷点击“创建作品”按钮，如图18-11所示。

图 18-10　显示视频素材

图 18-11　点击“创建作品”按钮

步骤 05 进入素材编辑界面，可以预览视频素材的画面效果，如图18-12所示。

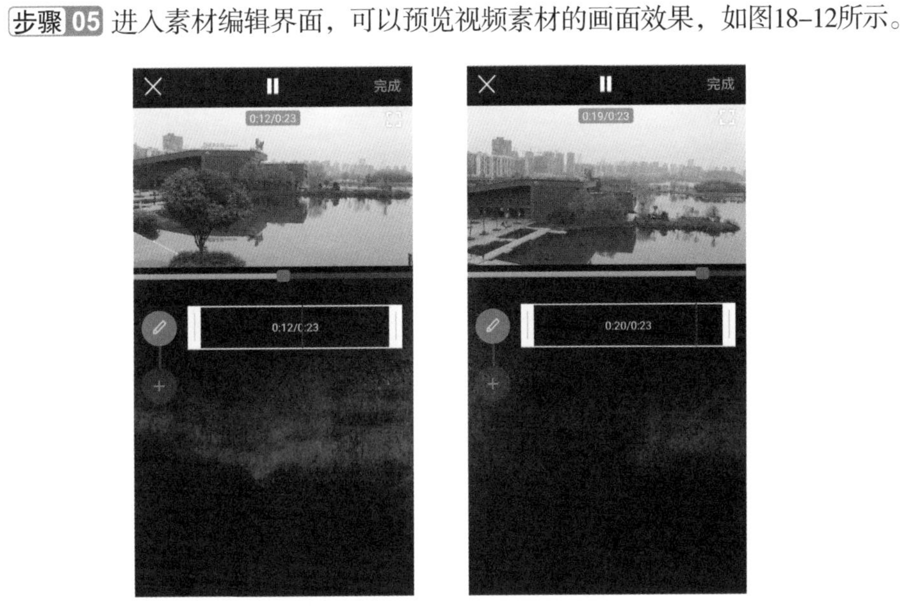

图 18-12　预览视频素材的画面效果

18.2.2　调整视频的播放速度

如果一段视频的播放时间比较长，而视频中的变化速度又比较慢，此时可以调整视频的播放速度，对其进行变速处理，使视频快速播放，提升画面的视觉冲击力。下面介绍具体操作方法。

步骤 01 在素材编辑界面中，选择第1个视频片段，如图18-13所示。

步骤 02 进入相应界面，其中显示了该段视频的总时长为23秒，如图18-14所示。

步骤 03 ❶向右拖曳界面下方的滑块，直至参数显示为3.5×，表示将视频速度调快3.5倍；❷点击界面右下角的✓按钮，如图18-15所示。

图 18-13　选择第 1 个视频片段

图 18-14　视频总时长为 23 秒

步骤 04 执行操作后，即可调快视频的播放速度，此时显示视频的总时长为7秒，如图18–16所示。

图 18–15　将视频速度调快 3.5 倍

图 18–16　调整后的视频总时长为 7 秒

18.2.3　剪辑视频中的开头部分

拍摄完成一段视频后，如果只想截取视频中的某一部分，此时可以对视频进行剪辑操作。下面介绍剪辑视频中多余部分的操作方法。

步骤 01 在素材编辑界面中，点击左侧的➕按钮，如图18–17所示。

步骤 02 打开“视频”素材库，❶选择需要导入的第2段视频素材；❷点击“确定”按钮，如图18–18所示。

图 18–17　点击左侧的➕按钮

图 18–18　点击“确定”按钮

步骤03 即可将视频导入到编辑界面中，并自动播放视频画面，如图 18–19 所示。

步骤04 拖曳第 2 段视频素材左侧的白色拉杆，剪辑视频的开头部分，留下视频的后半部分，如图 18–20 所示。

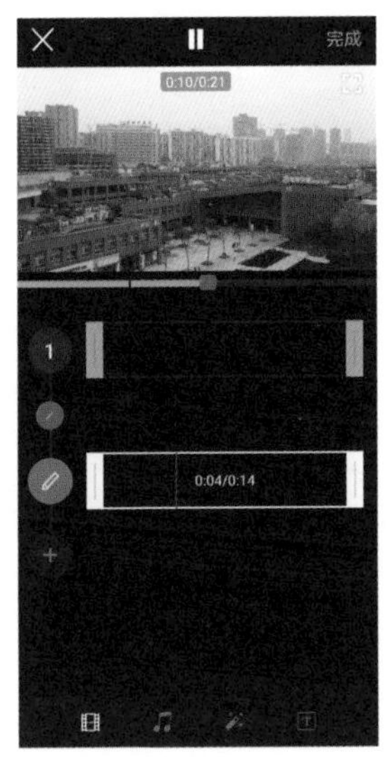

图 18–19　将视频导入到编辑界面中　　图 18–20　剪辑视频的开头部分

步骤05 将时间线暂停至0:03秒位置，如图18–21所示。

步骤06 采用同样的操作方法，拖曳视频素材左侧的白色拉杆，剪辑第1段视频的开头部分，留下视频的后半部分，如图18–22所示。至此，完成剪辑视频操作。

图 18–21　暂停时间线位置

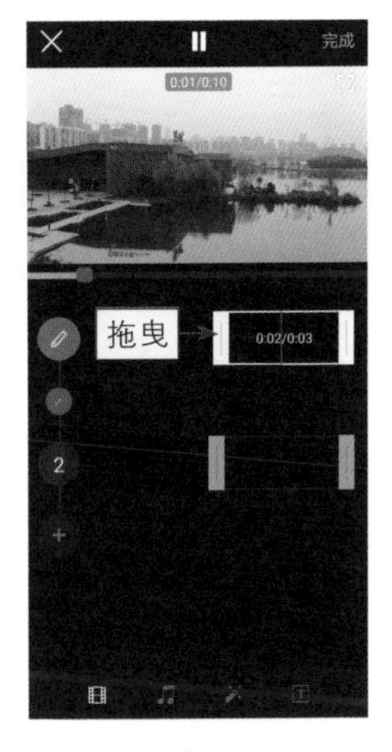

图 18–22　剪辑第 1 段视频

18.2.4 调整视频的色彩和色调

在DJI GO 4 App的编辑界面中，还可以调整视频画面的色彩和色调，使画面的颜色更加吸引观众的眼球。下面介绍调整视频色彩和色调的具体操作方法。

步骤 01 在素材编辑界面中，点击第 1 段视频，进入“对比度”调整界面，如图 18–23 所示。

步骤 02 在界面中向右拖曳“对比度”滑块，将“对比度”设置为 32，增强画面的明暗对比，如图 18–24 所示。

步骤 03 进入“亮度”调整界面，设置参数为 20，降低画面亮度，如图 18–25 所示。

步骤 04 进入“饱和度”调整界面，设置参数为 57，提高饱和度，如图 18–26 所示。

图 18–23 进入调整界面

图 18–24 设置“对比度”为 32

图 18–25 设置“亮度”为 20

图 18–26 设置“饱和度”为 57

步骤 05 点击界面右下角的✓按钮，即可调整视频画面的对比度、亮度和饱和度，提升画面的色彩，效果如图18–27所示。

0:03/0:10

图 18–27　画面效果

步骤06 采用同样的操作方法，调整第2段视频的“对比度”为31，增强画面对比度，如图18–28所示。

步骤07 调整第2段视频的“饱和度”为29，提升画面的颜色与质感，使画面的颜色更加丰富，如图18–29所示。

图 18–28　调整“对比度”为 31

图 18–29　调整“饱和度”为 29

步骤08 点击界面右下角的✓按钮，即可调整第2段视频画面的对比度和饱和度，效果如图18–30所示。

图 18-30　画面效果

18.2.5　在视频之间添加转场特效

转场其实就是一种特殊的滤镜，是位于两段视频素材之间的过渡效果。有效、合理地运用转场，可以使制作的短视频呈现出专业的视频效果。

步骤01 在素材编辑界面中，点击左侧的 按钮，打开转场列表框，如图18-31所示。

步骤02 点击“交错”图标，即可在两段视频之间添加“交错”转场效果，使画面产生交叉叠化的效果，如图18-32所示。

图 18-31　转场列表框

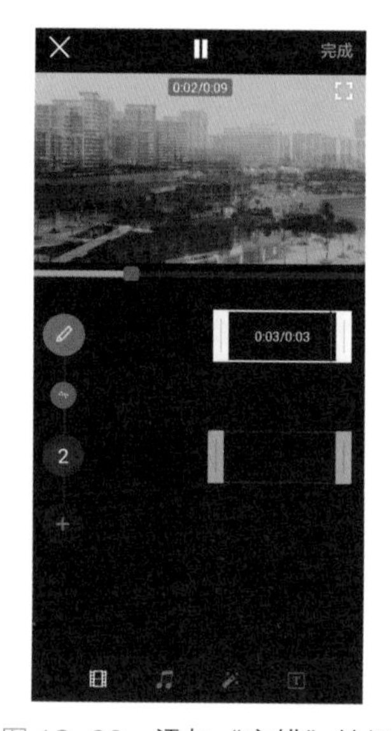

图 18-32　添加“交错”转场

步骤 03 ❶再次点击左侧的![]按钮，打开转场列表框；❷点击“交叉缩放”图标，如图18-33所示。

步骤 04 执行操作后，即可在两段视频之间添加“交叉缩放”转场效果，如图18-34所示。

步骤 05 ❶再次点击左侧的![]按钮，打开转场列表框；❷点击“模糊”图标，如图18-35所示。

图 18-33　点击“交叉缩放”图标

图 18-34　添加“交叉缩放”转场

步骤 06 执行操作后，即可在两段视频之间添加“模糊”转场效果，如图18-36所示。DJI GO 4 App为用户提供了多种视频转场效果，可以一一选择并查看，将合适的转场效果应用于视频之间，从而制作出理想的视频特效。

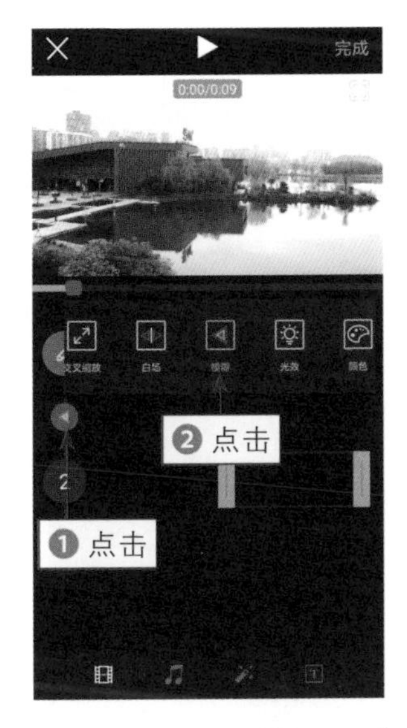

图 18-35　点击“模糊”图标

图 18-36　添加“模糊”转场

18.2.6　为视频添加标题字幕效果

在刷短视频时，常常可以看到很多短视频中都添加了字幕效果，或者用于歌词，或者用于语音解说，让观众在短短几秒内就能看懂更多视频内容。此外，这些文字还有助于观众记住发布者想要表达的信息，吸引他们点赞和关注。下面介绍在视频中添加字幕效果的具体操作方法。

步骤 01 在界面下方点击T按钮，进入字幕编辑界面，如图18-37所示。

步骤 02 在界面下方点击TEXT图标，此时上方预览窗口中显示“点击编辑”字样，如图18-38所示。

步骤 03 点击“点击编辑”字样，然后输入文字“西湖公园”，如图18-39所示。

步骤 04 拖曳文字右下角的按钮↙↗，调整文字的大小，效果如图18-40所示。

图 18-37　进入字幕编辑界面

图 18-38　显示“点击编辑”字样

图 18-39　输入文字内容

图 18-40　调整文字大小

步骤05 点击“动画”选项右侧的“移动”按钮，为字幕添加移动特效，如图18–41所示。

步骤06 在界面中点击黄色色块，设置字体颜色为黄色，如图18–42所示。至此，完成在视频素材中添加字幕效果的操作。

18.2.7　为视频画面添加背景音乐

在DJI GO 4 App编辑界面中，包括时尚、史诗、运动、积极、振奋及温和等音乐类型，用户可以根据实际需要进行选择。下面介绍添加背景音乐的具体操作方法。

步骤01 在界面下方点击🎵按钮，进入音乐编辑界面，其中默认添加了一首歌曲，如图18–43所示。

步骤02 如果对这首歌曲不满意，可以替换背景音乐。在“推荐”界面中选择一首满意的背景音乐，此时视频画面的下方即可显示音乐的音波，如图18–44所示。

步骤03 音乐编辑界面中包括多种音乐类型，选择相应的选项卡，即可切换至相应的音乐类型，如图18–45所示。点击相应的音乐图标，即可添加背景音乐。

图 18–41　为字幕添加移动特效

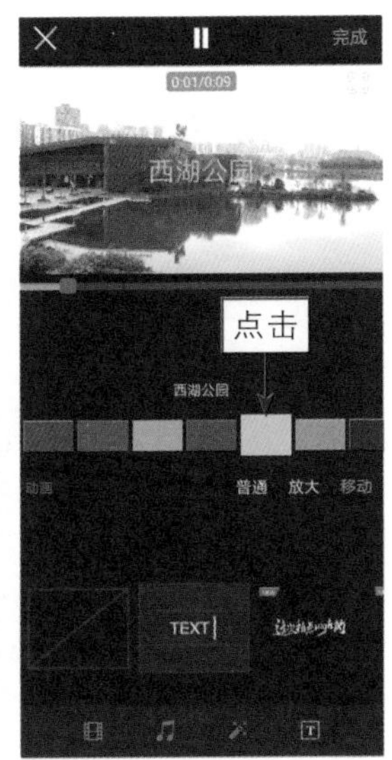

图 18–42　设置字体颜色为黄色

图 18–43　进入音乐编辑界面

图 18–44　显示音乐音波

图 18-45　切换至相应的音乐类型

步骤 04　添加好视频的背景音乐后，点击右上角的“完成”按钮，开始输出视频文件并显示输出进度，如图18-46所示。

步骤 05　待视频输出完成后，进入“分享”界面，❶输入相应的文字内容；❷在下方选择需要分享的平台；❸点击“分享”按钮，如图18-47所示，即可将视频分享至相应平台。

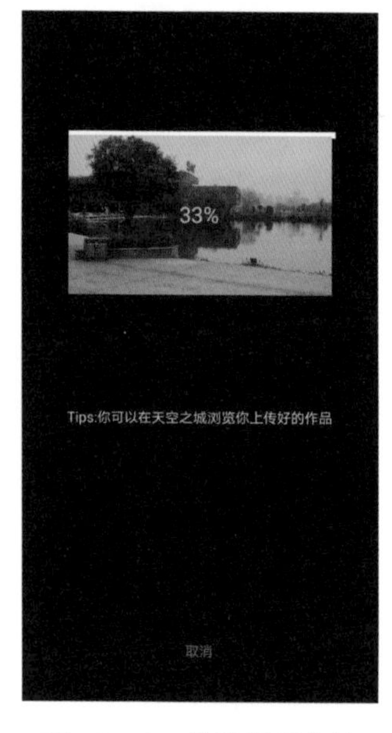

图 18-46　输出视频文件

图 18-47　分享视频

步骤06 选择输出的视频，点击“播放”按钮，预览视频画面效果，如图18-48所示。

图18-48　预览输出的视频画面效果

第19章 专业后期：使用剪映 App 剪辑视频

19.1 剪辑视频片段

剪映App是目前比较流行的一款视频剪辑软件，能帮助用户轻松地制作出高质量的视频作品。剪映App的功能十分强大，其中最基本的视频素材处理技巧包括导入、剪辑、变速以及倒放等，熟练掌握这些视频剪辑方法，可以随心制作出理想的视频效果。

19.1.1 快速剪辑视频片段

剪辑视频是指将视频剪辑成许多小段，从而能够分别对相应的视频画面进行单独处理，如删除、复制、移动和变速等。下面介绍剪辑视频中的多余素材的具体操作方法。

步骤 01 在应用商店中下载剪映App，并安装至手机中。打开剪映App界面，点击上方的“开始创作”按钮，如图19-1所示。

步骤 02 进入“照片视频”界面，❶选择需要导入的视频文件；❷点击“添加”按钮，即可将视频导入到视频轨道中，如图19-2所示。

图 19-1　点击“开始创作”按钮

图 19-2　导入视频文件

步骤 03 选择导入的视频文件，将时间线移至8秒位置，点击“分割”按钮，即可将视频分割为两段，如图19-3所示。

步骤 04 选择分割的后一段视频素材，点击下方的“删除”按钮■，即可删除不需要的视频文件，如图19–4所示。

图 19–3　将视频分割为两段

图 19–4　删除不需要的视频

★专家提醒★

在剪映 App 中，还可以导入多段视频，对视频统一进行剪辑、分割、合成操作，然后输出为一段完整的短视频。

步骤 05 点击“播放”按钮，预览剪辑后的短视频画面效果，如图19–5所示。

图 19-5　预览短视频画面效果

19.1.2　对视频进行变速处理

微信朋友圈和抖音等平台对视频发布时长有规定，如果视频太长，则需要对其进行变速处理，使慢动作的视频进行快动作播放，压缩视频的时长。具体操作步骤如下。

步骤 01 打开剪映App界面，导入一段视频素材，如图19-6所示。

步骤 02 选择视频素材，在下方点击“变速”按钮，如图19-7所示。

图 19-6　导入视频素材

图 19-7　点击“变速”按钮

步骤03 在打开的界面中点击“常规变速”按钮，如图19-8所示。

步骤04 弹出变速控制条，默认情况下是1×，向右滑动红色圆圈滑块，设置参数为9.0×，此时轨道中的素材区间变短了，从原来的52秒变成了7秒的视频时长，如图19-9所示，表示视频将以快速度进行播放。

步骤05 单击“播放”按钮，预览变速后的视频效果，如图19-10所示。

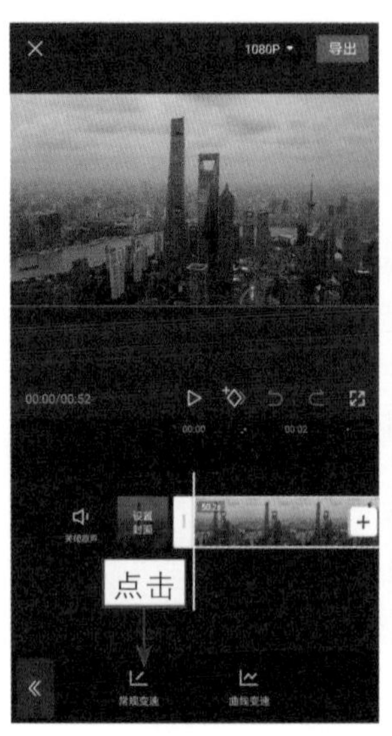

图 19-8 点击“常规变速”按钮

图 19-9 缩短成 7 秒时长

图 19-10 预览视频效果

19.1.3　对视频进行倒放处理

如果想对视频内容的播放顺序进行调整，可以使用剪映App中的“倒放”功能。下面介绍对视频画面进行倒放处理的具体操作方法。

步骤 01 导入一段视频，点击“倒放”按钮，如图19-11所示。

步骤 02 执行操作后，界面中提示正在进行倒放处理并显示进度，如图 19-12 所示。

步骤 03 稍等片刻，即可对视频进行倒放操作。此时预览窗口中最后1秒的视频画面已经变成了第1秒，如图19-13所示。

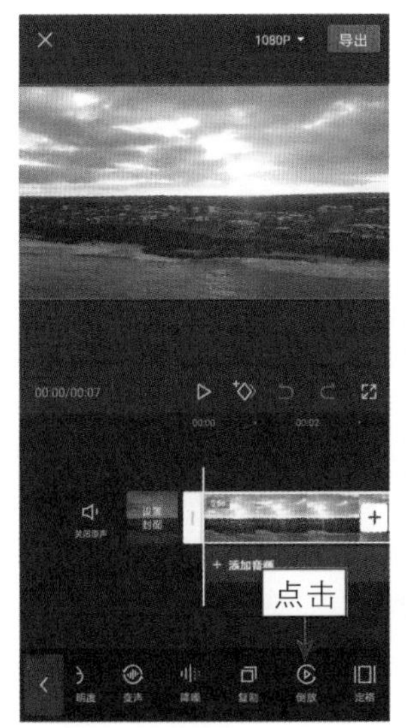

图 19-11　点击“倒放”按钮

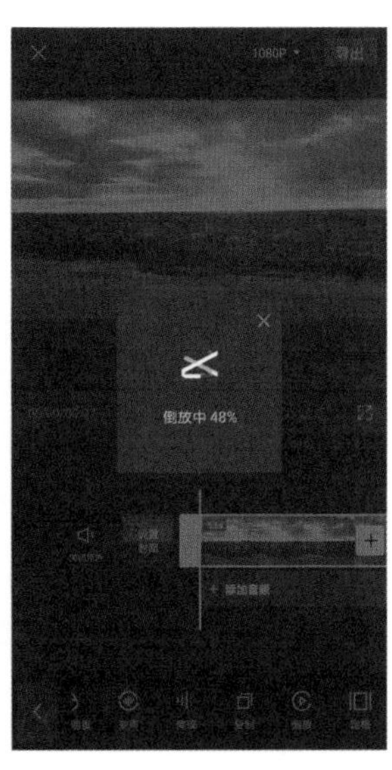

图 19-12　提示正在进行倒放处理并显示进度

步骤 04 点击“播放”按钮，预览进行倒放处理后的视频效果，如图19-14所示。

图 19-13　倒放后的效果

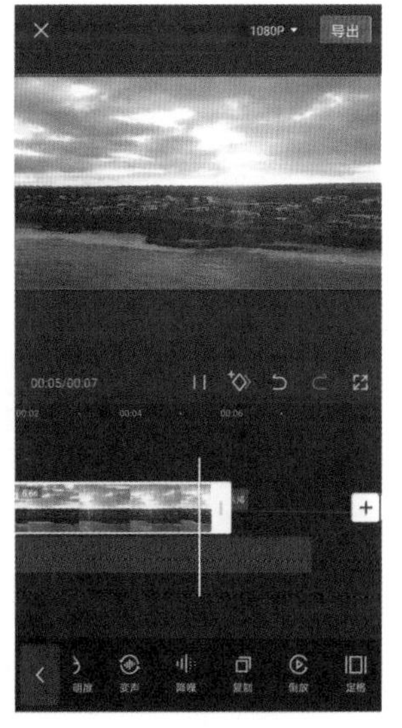

图 19-14　预览进行倒放处理后的视频效果

19.1.4 调整视频的色彩与色调

用手机录制视频画面时，如果画面的色彩没有达到要求，可以通过剪映App中的调色功能对视频画面的色彩进行调整。具体操作步骤如下。

步骤01 导入一段视频素材，点击“调节”按钮，进入“调节”界面，设置“亮度”为14，如图19-15所示。

步骤02 设置“对比度”为20，使视频更加有层次，如图19-16所示。

步骤03 设置“饱和度”为24，增强视频的色彩，如图19-17所示。

步骤04 设置“色温”为-16，使视频呈现冷色调效果，如图19-18所示。

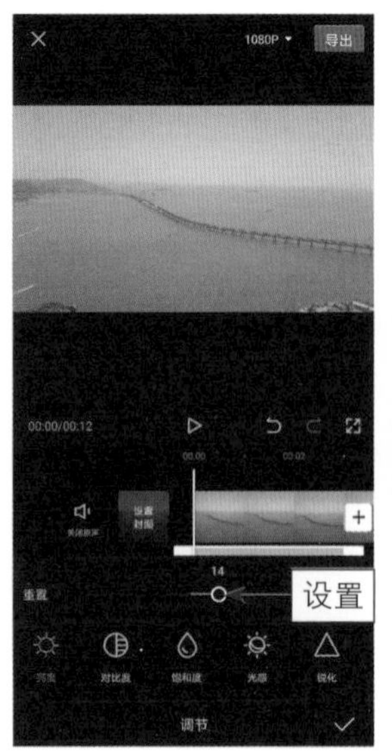

图19-15 设置“亮度”参数

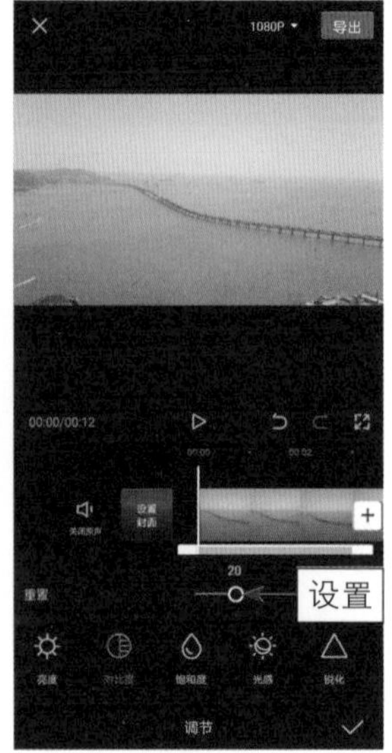

图19-16 设置“对比度”参数

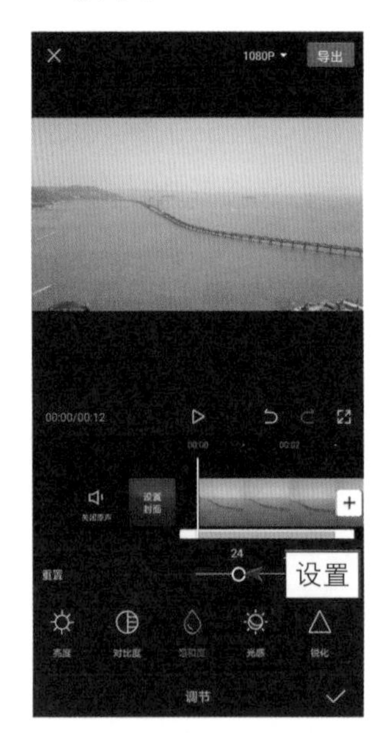

图19-17 设置“饱和度”参数

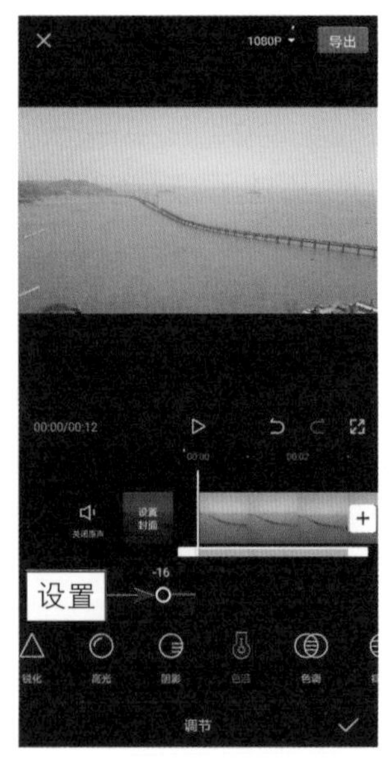

图19-18 设置“色温”参数

步骤05 向右拖曳调节轨道右侧的控制柄，使其持续时间与视频轨道一致，单击“播放”按钮，预览视频效果，如图19-19所示。

图19-19　预览调整视频色彩后的画面效果

19.2 制作视频画面特效

剪辑好视频片段后，接下来可以为视频画面添加一些炫酷的特效，使视频画面更加吸引观众的眼球。本节主要介绍制作视频画面特效的具体操作方法。

19.2.1 为视频添加开场特效

制作视频的开场动画，可以使视频更具趣味性。下面介绍具体的操作方法。

步骤 01 导入一段视频素材，点击“特效”按钮，如图19-20所示。

步骤 02 打开“基础”特效面板，选择“开幕Ⅱ”特效，如图19-21所示。

步骤 03 执行操作后，即可将“开幕Ⅱ”特效应用至短视频片段的开头。点击“播放”按钮，预览视频画面展开的动画特效，如图19-22所示。

图 19-20　点击“特效”按钮

图 19-21　选择“开幕Ⅱ”特效

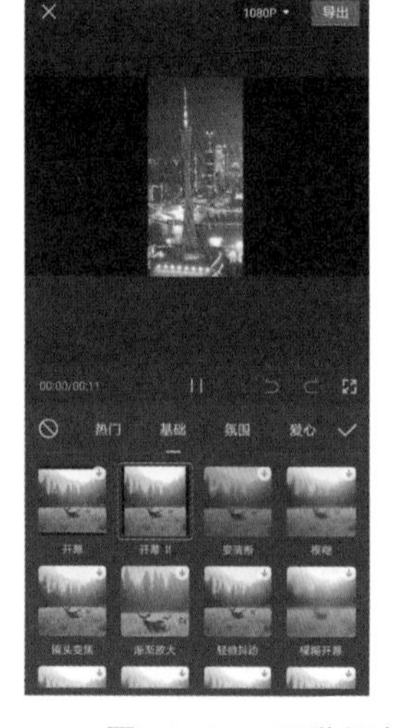

图 19-22　预览视频画面展开的动画特效

19.2.2　为视频添加转场特效

转场效果可以使两段视频素材之间的过渡更加自然、流畅。下面介绍在视频之间添加转场特效的具体操作方法。

步骤 01 导入两段视频素材，点击素材之间的“分割”按钮，如图 19-23 所示。

步骤 02 打开“基础转场”界面，其中显示了多种转场特效，如图 19-24 所示。

步骤 03 ❶选择“叠化”转场效果；❷设置转场时长，如图 19-25 所示。

步骤 04 点击✓按钮，应用“叠化”转场效果，可以看到视频轨道中将显示“转场”标记⋈，如图 19-26 所示。

图 19-23　点击“分割”按钮

图 19-24　显示多种转场特效

图 19-25　选择“叠化”转场效果并设置参数

图 19-26　显示“转场”标记

步骤05 单击“播放”按钮，预览视频交叉叠化效果，如图19-27所示。

图 19-27 预览视频交叉叠化效果

19.3 添加字幕与背景音乐

视频画面处理完成后，接下来需要为视频添加字幕效果，并添加一段合适的背景音乐，使视频更加动听。本节主要介绍添加字幕与背景音乐的具体操作方法。

19.3.1 为视频添加字幕效果

字幕效果的具体操作步骤如下。

步骤01 打开剪映App界面，导入一个视频素材，点击“文字”按钮，如图19-28所示。

步骤02 进入文字编辑界面，点击“新建文本”按钮，如图19-29所示。

步骤03 在文本框中输入符合短视频主题的文字内容，如图19-30所示。

步骤04 切换至“花字”选项卡，选择相应的花字样式，效果如图19-31所示。

步骤05 切换至“动画”选项卡，❶在“入场动画”选项卡中选择“空翻”动画效果；❷调整动画的持续时间，如图19-32所示。

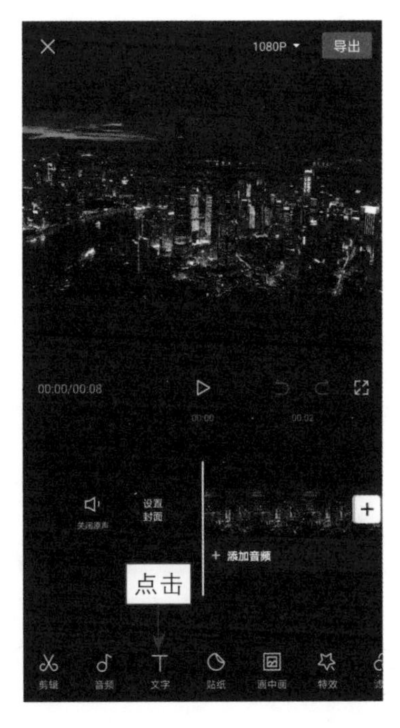

图 19-28　点击"文字"按钮

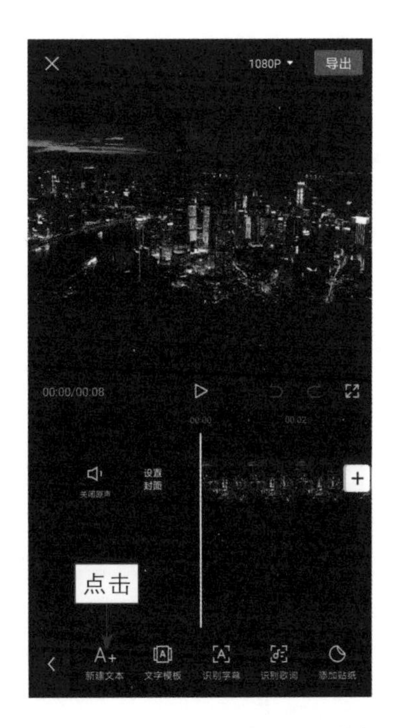

图 19-29　点击"新建文本"按钮

图 19-30　输入文字

图 19-31　应用"花字"效果

图 19-32　应用动画效果

步骤 06 点击"导出"按钮，导出视频并预览视频效果，如图19-33所示。

图 19-33　预览视频效果

19.3.2　为视频添加背景音乐

在剪映App中，可以为视频添加一些抖音中比较热门的背景音乐，从而使制作的视频更受观众喜爱。下面介绍使用剪映App添加抖音热门歌曲的具体操作方法。

步骤01 打开剪映App界面，导入一个视频素材，点击“音频”按钮，如图19-34所示。

步骤02 进入音频编辑界面，点击“音乐”按钮，如图19-35所示。

图 19-34　点击“音频”按钮

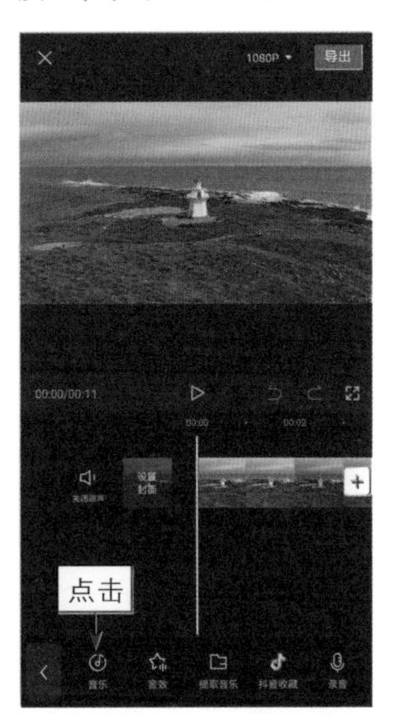

图 19-35　点击“音乐”按钮

步骤03 进入“添加音乐”界面，点击“抖音”图标，进入“抖音”界面。点击一首歌名，即可进行播放，点击右侧的“使用”按钮，如图19-36所示。

步骤04 执行操作后，即可添加抖音中比较热门的背景音乐，如图 19-37 所示。

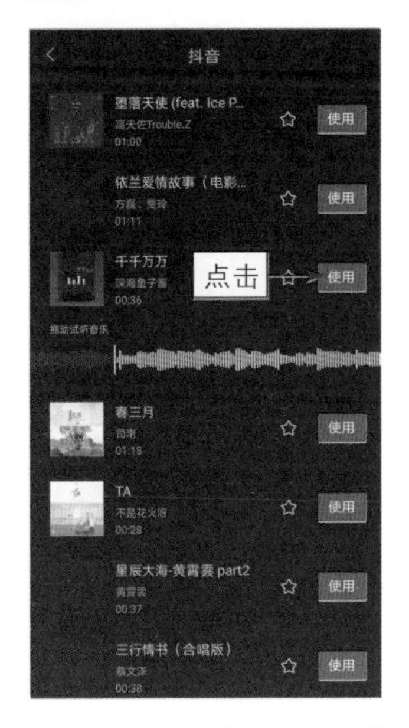

图 19-36　选择抖音热门歌曲

图 19-37　添加抖音背景音乐

步骤 05 拖曳时间轴，将其移至视频的结尾处，如图19–38所示。

步骤 06 选择音频轨道，点击“分割”按钮，即可分割音频，如图 19–39 所示。

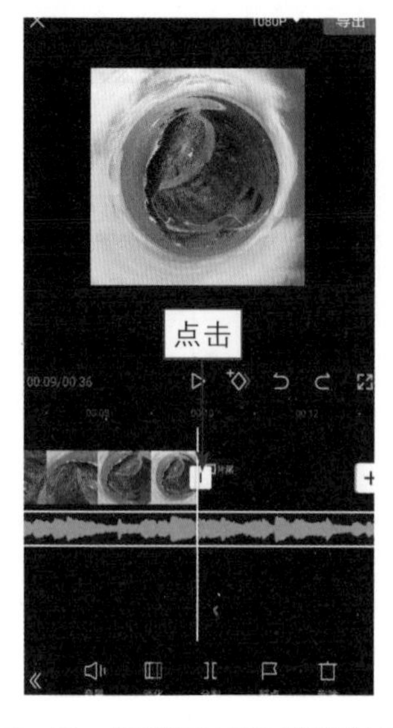

图 19–38　将时间轴移至视频结尾处

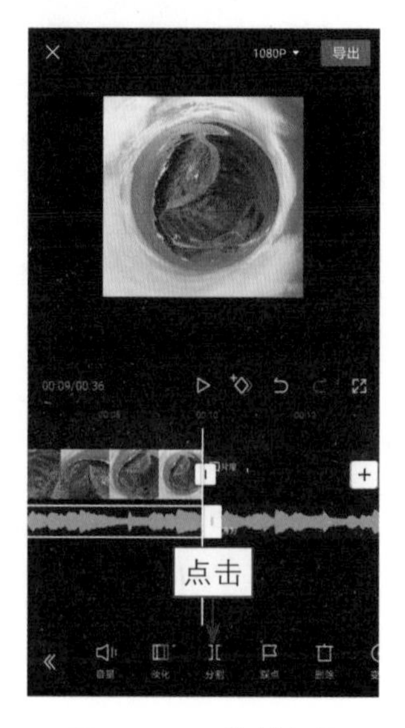

图 19–39　分割音频

步骤 07 选择第2段音频，点击“删除”按钮，删除多余的音频，如图19–40所示。

步骤 08 点击“播放”按钮，试听背景音乐效果，如图19–41所示。

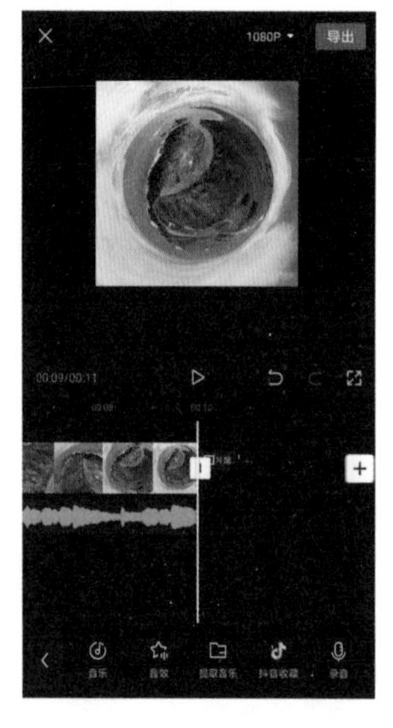

图 19–40　删除多余的音频

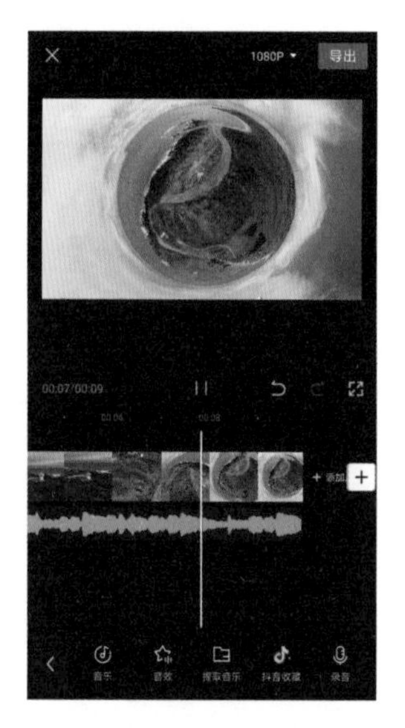

图 19–41　试听背景音乐效果